电力设备数字孪生技术

IEEE PES 电力设备数字孪生工作组　**组编**

中国电力科学研究院有限公司
武汉大学　**主编**
中能国研（北京）电力科学研究院

電子工業出版社·
Publishing House of Electronics Industry
北京·BEIJING

内 容 简 介

本书分析了电力设备数字孪生技术的发展现状与总体趋势，从产、学、研、用多视角阐述了数字孪生技术在电力设备行业应用的价值与意义。从物理层、数据层、孪生层和应用层等不同方面介绍了数字孪生技术，结合数字孪生技术在发、输、配、用电和储能领域的应用，提出了具有前瞻性的观点；同时，结合电力设备数字孪生领域具有创新性和推广价值的典型应用案例，分析了数字孪生技术在电力行业的应用发展情况，并提出了相关的标准化工作需求。

本书既适合从事电力数字孪生技术的相关人员阅读，也可供相关领域的人员参考。

图书在版编目（CIP）数据

电力设备数字孪生技术 ／ IEEE PES 电力设备数字孪

生工作组组编. —— 北京 ：电子工业出版社，2025. 3.

ISBN 978-7-121-49722-3

Ⅰ．TM4-39

中国国家版本馆CIP数据核字第2025GN5787号

责任编辑：雷洪勤

印　　刷：北京捷迅佳彩印刷有限公司

装　　订：北京捷迅佳彩印刷有限公司

出版发行：电子工业出版社

　　　　　北京市海淀区万寿路 173 信箱　邮编：100036

开　　本：720×1000　1/16　印张：10　字数：192 千字

版　　次：2025 年 3 月第 1 版

印　　次：2025 年 3 月第 1 次印刷

定　　价：128.00 元

凡所购买电子工业出版社图书有缺损问题，请向购买书店调换。若书店售缺，请与本社发行部联系，联系及邮购电话：（010）88254888，88258888。

质量投诉请发邮件至zlts@phei.com.cn，盗版侵权举报请发邮件至dbqq@phei.com.cn。

本书咨询联系方式：leihq@phei.com.cn。

IEEE PES 电力设备数字孪生工作组

工作组主席：董旭柱　Daniel Sabin

工作组副主席：王　磊　吕　军

工作组秘书：蒋　炜

本书组编及主编单位

组编单位：IEEE PES 电力设备数字孪生工作组

主编单位：中国电力科学研究院有限公司

　　　　武汉大学

　　　　中能国研（北京）电力科学研究院

编 委 会

随着电力系统的快速发展和人工智能及感知技术的深度融合，电力电子装备和智能电气装备大量接入电网，对电力设备的安全性和可靠性提出了更高要求，设备资产管理和运维面临越来越大的挑战。对"源网荷储"侧海量电力设备全生命周期的深度状态感知，更精准实时地掌握设备整体特性并预测未来变化趋势，已成为现代设备资产管理的必然需求。

数字孪生技术的快速发展为电力设备的深度全面感知带来新的机遇。数字孪生技术是集成多尺度、多物理量、多概率的前沿数字化技术，与人工智能相融合，具有感知全面、诊断准确直观、辅助决策效率高等优点。借助各种高性能传感器和高速通信，数字孪生可以通过集成电力设备的多维数据，辅以数据分析和人工智能技术，近乎实时地呈现电力设备的实际情况，并通过虚实相生对电力设备进行反馈控制，将电力设备在不同真实场景中的全生命周期过程进行精准映射，从而实现事前电力设备状态的全息感知、风险智能预警，事中电力设备及外部资源快速协同，事后电力设备故障智能分析、辅助决策。

当前，数字孪生技术的研究和应用在电力领域还处于探索阶段，电力设备数字孪生总体架构、底层技术、上层应用、标准体系、软件工具等方面的技术和问题亟待解决，对具体业务场景下电力设备数字孪生实现方式缺乏规约，导致共性基础服务重复构建，标准不一致，孪生体难以互通，我们应围绕"源网荷储"电力设备的实际业务需求，整合数字资源，聚焦基础数字孪生工具和关键技术路径，规范基础服务能力应用，实现电力设备的精益化管理。

本书立足于电力系统中的"源网荷储"四类电力设备，首先分析了电力设备数字孪生发展现状、总体趋势与建设意义，提出了电力设备数字孪生的总体建设目标。其次根据电力设备数字孪生的业务需求，本书构建了包含"物理层、感知层、数据层、孪生层、应用层"的5层电力设备数字孪生体系架构，对各层涉及的关键技术进行总结归纳，并用实例分析了电力设备数字孪生体的构建。针对电力设备设计和制造、供应链管理、设备运维、状态评估4类数字化示范应用场景进行了归纳总结，形成了多个典型电力应用场景。围绕标准体系建设目标，构建形成包含基础共性、关键技术、服务与平台、应用、安全5大领域的标准体系框架。最后对电力设备数字孪生现存的挑战进行分析，并从顶层设计、技术攻关、生态构建、标准化4个层面提出相关建议，希望为电力设备数字孪生的建设与实施提供指导建议。

本书由IEEE PES电力设备数字孪生工作组发起并组织编写，英文版的"*Digital Twin for Power Equipment*"于2024年1月通过IEEE Resource Center正式发布，发布编号为DOI 10.17023/5afd-r810。

由于时间有限，书中难免有疏漏之处，欢迎广大读者批评指正。

目录
Contents

第**7**章　**挑战与展望**　　**135**

第 1 章

数字孪生技术发展概述

数字孪生来自英语"digital twin"，在汉语表述中，我们有时用"数字孪生"表示"构建数字孪生体的相关技术和概念"以及"数字孪生体及其物理实体构成的整体"，也用"数字孪生"表示"数字孪生体"。

本章包括数字孪生概述、数字孪生发展历程、电力设备数字孪生的意义三个方面的内容。

第一部分是数字孪生概述，介绍了数字孪生的概念与定义。数字孪生源于仿真和建模技术，借助人工智能技术和其他先进的信息通信技术而快速发展。

第二部分讲述数字孪生的发展历程，介绍了数字孪生的三个阶段：数字孪生的起源、数字孪生的早期发展、数字孪生在电力行业中的应用。数字孪生起源于Grieves教授在2003年密歇根大学产品生命周期管理课程中提出的"与物理实体等价的虚拟数字表示"概念；2010年，美国国家航空航天局（NASA）首次在其空间技术路线图中使用了"数字孪生"术语；现阶段，数字孪生在交直流配电网和智能电网调度、变电站和电厂智能管理、电力设备设计、运行和维护、输电线路等方面均有广泛应用。

第三部分讲述电力设备数字孪生的意义，从提高电力设备设计和生产的质量和效率、提高电力设备的运行可靠性、降低电力设备健康管理和故障诊断成本、故障智能决策与维护策略、降低员工培训成本五个方面，详细阐述了电力设备数字孪生的应用价值及其对行业发展的重大意义。

1.1 数字孪生技术概述

数字孪生技术起源于仿真建模，因人工智能技术的推动而蓬勃发展，并预计将随着新一代信息技术的突破与融合而进一步壮大。最初，由美国空军研究实验室（Air Force Research Laboratory，AFRL）与美国国家航空航天局（National Aeronautics and Space Administration，NASA）共同提出，旨在构建未来飞行器的数字孪生模型。他们将数字孪生定义为一种针对飞行器或系统的高度集成模型，该模型融合了多物理场、多尺度、多概率的仿真特性，能够借助物理模型、传感器数据以及历史数据，全面反映对应实体的功能、实时状态及其演变趋势[1]。

当前，业界普遍认为数字孪生[2]是综合运用感知、计算、建模等信息技术，对物理空间进行描述、诊断、预测及决策，进而实现物理空间与虚拟空间的交互映射。换言之，数字孪生是一组虚拟信息结构，可以从微观原子级别到宏观几何级别全面描述现有或未来的物理实体。在理想状态下可从数字孪生中获得物理实体的全部信息，实现对物理实体全空间尺度、全生命周期的数字映射，二者完全相同且同步运行于物理世界与数字世界，如图 1-1 所示。基于数字孪生技术，可以在全生命周期内跟踪物理实体的实时状态、模拟及预测物理实体在特定环境下的状态，进一步加强对物理实体的理解与认知。一个完整的数字孪生系统应具有对物理实体的定义能力、展示能力、交互能力、服务能力、伴随物理实体进化能力[3]。

目前，数字孪生融合应用传感、人工智能（AI）和机理建模等技术，将数据、算法和决策分析结合在一起，监控物理对象的变化情况，诊断并预测潜在风险，为合理有效地管理相关设备提供依据。现阶段，工业界广泛认可并应用的数字孪生架构由物理实体、虚拟实体、连接、数据、服务五部分构成[4]。在电力行业中，物理实体是指电力装备全生命周期中人员、结构、材料、环境、功能等不同方面的要素的集合，是电力装备基本功能与数据采集的基础；虚拟实体是指与物理实体相映射的数字孪生体，可以实现电力设备的状态模拟与数据分析；连接环节负责各模块间的数据交换；数据环节可实现数据的处理、融合以及存储；服务环节的主要功能是为电力设备的设计、生产与智能运维等环节提供全方位支持。

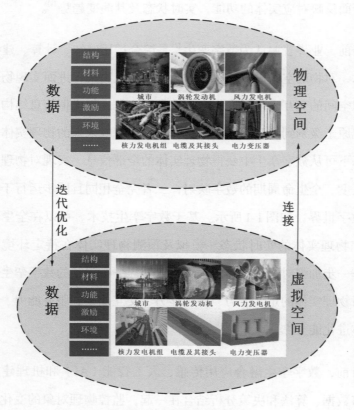

图1-1 数字孪生的映射关系

1.2　数字孪生的发展历程

1.2.1　数字孪生的起源

数字孪生的概念可以追溯到 2002 年，密歇根大学产品全生命周期管理中心（Product Life Management，PLM）的 Michael Grieves 教授在向工业界发表演讲中首次提到 PLM 概念模型。2003 年，他在密歇根大学的产品全生命周期管理课程上提出了"与物理实体等价的虚拟数字化表达"的概念：一个或一组特定装置的数字复制品，能够抽象表达真实装置，并以此为基础进行真实条件或模拟条件下的测试[5]。虽然这个概念在当时并没有被称为数字孪生体，但是其概念模型却具备数字孪生体的所有组成要素[6]，即物理空间、虚拟空间及二者之间的关联或接口，因此可以被认为是数字孪生体的雏形。2005 年和 2006 年，这个模型分别被命名为镜像空间模型（Mirrored Spaces Model）和信息镜像模型（Information Mirroring Model）。2011 年，Michael Grieves 教授在其著作《虚拟完美：通过产品全生命周期管理驱动创新和精益产品》中采纳了其合作者 John Vickers 描述该概念模型的名词"数字孪生体"，并一直沿用至今。

1.2.2　数字孪生的早期发展

1. 美国空军引入数字孪生技术解决战机机体维护问题

传统的飞机寿命预测中，每种类型的物理问题都有独立的模型，但仅仅将上一个物理模型的输出结果作为下一个物理模型的输入，难以得到同步的应力-温度-化学（Stress-Temperature-Chemistry，STC）载荷谱。数字孪生技术的应用，使众多物理模型被集成到一个统一模型中，该模型与计算流体动力学模型紧密结合，使所涉及的物理现象无缝衔接[7]。通过数字孪生技术，工程师们能够更好地对处于服役期间的飞机进行结构寿命预测和管理。

AFRL在2011年制定未来30年的长期愿景时吸纳了数字孪生的概念，希望做到在未来的每一架战机交付时可以一并交付对应的数字孪生体，并提出了"机体数字孪生体"的概念[8]。机体数字孪生体作为正在制造和维护的机体的真实模拟模型，可用于评估机体是否满足任务条件。机体的数字孪生体是单个机身在产品全生命周期的一致性模型和计算模型，同时与制造和维护飞行器所用的材料、制造规范及流程相关联，同时也是飞行器数字孪生体的子模型。飞行器数字孪生体是一个包含电子系统模型、飞行控制系统模型、推进系统模型和其他子系统模型的集成模型。此时，飞行器数字孪生体已从概念模型阶段步入初步的规划与实施阶段，对其内涵、性质的描述和研究也更加深入。

F-35闪电Ⅱ型战机的设计中利用了数字线程（Digital Thread）技术，极大地促进了战斗机的制造和组装的自动化。该技术的应用使工程设计中的三维精确实体模型被直接用于数控编程、坐标测量机（Coordinate Measuring Machine，CMM）等，减少了工件返工的次数，也大大减少了供应商重新配置数据导致的传统工程更改[9]。

2. NASA和AFRL在数字孪生方面的合作

2010年，NASA在太空技术路线图中首次提出数字孪生概念，意欲采用数字孪生实现飞行系统的全面诊断和预测功能，以保障在系统全生命周期内持续安全地操作。2012 年，针对飞行器的认证、机群管理和维护存在效率低下和可靠性难以量化的问题，以及未来飞行器轻量化、高负载及更加极端环境下的更长服役时间等需求，NASA 和 AFRL 共同提出了未来飞行器的数字孪生体概念[10]。针对飞行器、飞行系统或运载火箭等，他们进一步完善了数字孪生的概念，在原有概念的基础上提出飞行器数字孪生体，并且将飞行器数字孪生体定义为：一个面向飞行器或系统集成的多物理、多尺度、概率仿真模型；该模型利用当前最优的物理模型、更新的传感器数据和历史数据等，来精准反映与该模型对应的飞行实体的状态。飞行器数字孪生体的定义可以认为是 NASA 和 AFRL 对其之前研究成果的一个阶段性总结，该定义着重突出了数字孪生体的集成性、多物理性、多尺度性和概率性等特征。

与传统方法不同，数字孪生体整合了包括材料微观结构、缺陷、异常等飞行器或部件完整配置的精确模型，将超高保真模拟与飞行器上装载的飞行器综合健康管理（Integrated Vehicle Health Management，IVHM）系统、维护历史，以及通过数据挖掘和文本挖掘获得的所有其他可用的历史信息和集群数据相结合，从而能够持续预测飞行器或系统的健康状况、剩余使用寿命和任务成功的概率。飞行器的数字孪生体还能通过启动自愈机制或建议改变任务剖面来减少载荷，从而减轻损坏或性能退化，延长机体寿命，提高任务成功率，实现前所未有的安全和可靠性水平[10]。

在合作双方于 2012 年对外公布的"建模、仿真、信息技术和处理"技术路线图中，数字孪生被列为 2023—2028 年实现基于仿真的系统工程的技术挑战之一，数字孪生体也从那时起正式进入公众的视野。双方合作的成果之一是构建F-15战斗机机体的数字孪生体，目的是对在役飞机机体结构开展健康评估与损伤预测，提供预警，并给出维修及更换指导方案。

3. 数字孪生在其他领域的应用

虽然数字孪生技术在前期主要被应用在航空航天领域，但是因其先进性，很快被应用于其他领域。2017年，美国知名咨询及分析机构 Gartner 将数字孪生技术列入当年十大战略技术趋势之中，认为它具有巨大的颠覆性潜力，能够推动数以亿计的物理实体以数字孪生状态呈现。在生产制造中，国内学者提出了数字孪生车间（Digital Twin Workshop）的概念，并就如何实现制造物理世界和信息世界的交互共融展开了理论研究和实践探索[11]。通用电气（General Electric，GE）公司的资产绩效管理（Asset Performance Management，APM）系统能够优化设备、工厂乃至整个系统的资产绩效和运维效率[12]。西门子在 COMOS 平台建立了数字孪生体，工厂的维修工人可通过手机随时扫描 RFID 或者 QR 码，分析备件、文档、设备信息及维修状况，并将具体任务分配到人[13]。城市数字孪生是数字孪生技术在城市层面的广泛应用，能够实现城市全要素数字化和虚拟化、城市状态实时化和可视化、城市管理决策协同化和智能化，在提高城市规划水平、改善交通环境和解决暴雨洪涝灾害等方面具有巨大的潜力[14-16]。在医疗健康领域，数字孪生技术的引入可以指导运动员找回最佳状态[17]，并帮助医学研究者筛查家族遗传病。在船舶业，数字孪生技术被用于船舶精细化设计、智能制造、辅助航行、故障预测与健康管理等方面[18]。

1.2.3　数字孪生在电力行业的应用

数字孪生技术融合了众多前沿信息技术，通过虚实交互，实现了物理实体全生命周期状态的虚拟映射以及行业运营绩效的改善。正是由于其具有显著的优点，目前，电力行业正在积极推进数字孪生技术的广泛应用。

1. 数字孪生技术应用于电网设备精益化管理及智能电网调度

数字电力系统这一概念被提出时[19]，其被定义为：某一实际运行的电力系统的物理结构、物理特性、技术性能、经济管理、环境指标、人员状况、科教活动等信息的数字化、形象化、实时化描述与再现。数字电力系统与数字孪生技术都蕴含着在数字空间中构建模型，从而实现对物理对象的精准控制及改善物理对象特性这一理念。[20]

在交直流电网设备精益化管理领域中引入数字孪生技术是未来配电网数字化发展的一个重要方向。通过数字孪生技术的支撑，电网公司能够实现电网设备的精益化管理，及时掌握设备的健康状态和异常发展趋势。

数字孪生技术在电网调度运行的优化中也发挥着重要作用，在新能源渗透率不断提升的情形下，帮助"源网荷储"协调运行[21]。面对大电网调控日益复杂，以及包含分布式电源和多元负荷配电网运行的多样化，研究人员提出了基于数字孪生技术的秒级在线分析系统[22]，通过实时映射和分析，预测实际电网中发、输、变、配、用电各环节的状态，实现电网调度运行的态势感知。此外，数字孪生技术能够为智慧微电网运行调控系统的复杂性和柔性提供可行的技术路径,基于数字孪生驱动的控制策略在并网模式和孤岛模式下均能起到智能调节电能分配的效果[23]。

2. 数字孪生技术在变电站与发电厂智能管理中的应用

在变电站领域,数字孪生技术为电力设备运维带来了革命性的变化。研究人员通过构建基于真实变电设备运维的数字化模型及系统,有效解决了变电站周期状态管控难、运检效率低等问题[24]。智能变电站数字孪生模型建模方法是在现有电力变压器、组合电器、开关柜三类主设备故障诊断技术研究的基础上,结合数字孪生技术提出的一种方法[25]。该模型可以同步显示实体变电站各仪表的数值,能基于变电站实时数据和历史数据进行健康评估及故障诊断,并在三维模型中对应空间位置显示,各设备的运行状态一目了然,故障类型及位置指示准确。

发电厂作为电力系统的重要组成部分,其运行状态直接影响着整个电力系统的安全和运行。为提高发电厂运行的安全性和可靠性,基于数字孪生的电厂智能管控系统应运而生。该系统能够实现状态监测、事故预警、故障诊断和优化设计等功能[18]。火力发电站锅炉受热面泄漏是造成机组非计划停机的主要原因之一。为了有效监控锅炉的运行状态,研究人员建立了电站锅炉的三维数字孪生模型,对受热面的运行状态进行实时监测、异常预警和长周期趋势分析。根据相关建议,可以指导锅炉受热面检修与金属检验检测工作的开展,并将锅炉的数据更新到系统的知识库[26]。

3. 数字孪生技术应用于电气设备设计和运维

数字孪生技术能够将物理实体映射到虚拟空间，形成与物理实体等价的数字孪生体。基于传感器及物理模型，数字孪生体可以实时更新并反映物理模型的状态，因此可支持电气设备的高效设计与智能运维。

目前，在电力变压器设计和运维中，数字孪生技术主要用于热点分析。绕组热点温度是影响变压器油纸绝缘老化速率的重要因素，对变压器负载能力具有重要影响。基于 Microsoft Azure IoT 及 ANSYS Twin Builder 构建的变压器多物理场数字孪生方法，能够利用孪生体的实时仿真结果，展现变压器铁芯和绕组实时的温度场分布[4]。此外，研究人员还构建了特高压换流变出线装置区域的数字孪生模型，应用电热传感器实时监测其承受的在线电压和电流波形，利用电热耦合计算出换流变套管的三维电场分布和温度分布，将计算结果用于内绝缘寿命评估[27]。西门子公司[28]已在澳大利亚维多利亚和塔斯马尼亚之间的 Basslink 互连通道的高压直流（High-Voltage Direct Current，HVDC）换流站安装了一个试验性的数字孪生操作系统，该操作系统能够模拟变压器上的热应力，从而帮助运行人员优化和控制变压器的性能。

数字孪生技术在 GIS 的设计和运维上也有着广泛的应用。基于 GIS 数字孪生模型的局部放电（Partial Discharge，PD）反演定位方法，通过结合数字孪生技术与人工神经网络算法，精确定位故障位置[29]。为掌握 GIS 筒体温变位移与其关键部件的行为关系，研究人员提出了基于实景点云数据的 GIS 筒体数字孪生模型重构方法，并基于数字孪生模型对 GIS 筒体关键部件温变行为进行了仿真研究，建立了 4 种典型的故障工况[30]。

4. 数字孪生技术应用于输电线路

电力电缆常用于城市地下电网、电站引出线路、工矿企业内部供电及过江海水下输电，在电网中的重要性不言而喻。基于开源软件Open Modelica开发出风电场动态中压电缆数字孪生模型，输入环境温度、电缆长度和通过电缆的电流，便能够估计电缆的剩余使用寿命，使维护人员能够在电缆发生严重故障之前对其进行更换[31]。电缆隧道状态感知数字化建设架构由非接触式智能感知终端、接触式智能传感器和辅助系统构成，可实现电缆全天候、全时段、全方位巡视，同时也能对电缆本体、中间接头和终端接头的异常温度、各类绝缘缺陷等进行智能监测[32]。

数字孪生技术也被广泛地应用于架空输电线路。在福建漳州—泉州500 kV Ⅰ、Ⅱ回线路开断进集美变电站工程中，施工人员利用倾斜摄影技术整合输电线路走廊的地理信息，通过模拟真实的三维现场环境，全方位开展路径优化、杆塔排位及杆塔规划、重要交跨校验、电气三维校验和碰撞检查等工作，解决了沿海山区输电线路特有的设计技术难点，提高了工程设计的可靠性和精细度[33]。国家电网公司建设部在宁东—山东 ± 660 kV 直流输电示范工程中创造性地提出了"三维数字化移交"的新思路。"三维数字化移交"利用航测技术、三维可视化技术和信息集成技术，结合地理信息和工程信息，以三维数字化的形式，整合输电线路走廊的地形地貌信息和建设过程数据，实现对输电线路工程的直观展示和工程资料的综合管理[34]。在特高压输电线路的结构设计中，研究人员应用数据库中电气、测量、水文、地质等相关专业的数据，结合力学计算和强度计算等技术，开展杆塔结构设计和基础结构设计等工作。

该设计方法的应用实现了特高压输电线路结构设计的数字化，使设计得到的结构更加符合要求[35]。

1.3 电力设备数字孪生的意义

随着数字经济的战略意义日益凸显，数字孪生技术因其在汽车、医疗、船舶、航天、电力等领域具有极高应用价值，故在增进百姓民生、增强国家安全、加速经济发展等方面都具有广阔的前景。在电力设备领域，随着全球社会经济的进一步发展，能源问题逐渐凸显。而目前电力设备在质量提升和维护管理方面面临诸多问题，极大影响了电网运行效率及安全性，制约了本质安全电网的构建。电力设备数字孪生是通过数字化手段，从设备层面构建出与实际电网中发电机、变压器、断路器等"源网荷储"多要素物理实体完全等价的数字孪生体。该数字孪生体可实现对现实空间中电力设备的实时感知和多元数据的融合、分析、复用。同时，该孪生体通过数据信息的深度挖掘和高效反馈，驱动模型内部参数的自适应调整和动态优化，实现模型输出与实际真值的闭环逼近。此外，它还通过演化预测，将承载指令的数据回馈到设备与系统，指导其决策，实现对电力设备实体的智能优化。

将数字孪生技术应用到电力设备的全生命周期，将有效提高电力设备设计生产质量和效率，保障电力设备运行的可靠性，降低电力设备健康管理与故障诊断成本，促进电网"源网荷储"一体化。同时将数字孪生技术应用于设备运维人员培训系统的构建中，能够降低企业员工培训安全风险及经济成本。

1.3.1　提高电力设备设计的生产质量和效率

随着市场对电力设备品类多样性、货物交付时效性的要求逐步提高，为了及时应对不可预知的事故和周期性的生产变动，在制造业中使用前沿的数字技术成为必然选择，其中数字孪生技术对于制造业厂商而言具有独特的意义[36]。

从电力设备的设计流程来看，传统的复杂产品设计理论面临诸多挑战，如设计无法解决产品加工与装配支持度不高、产品实际制造数据实时动态回馈能力不足，以及产品信息建模方法不完善等问题[37]。成熟的数字孪生技术，可以确保制造厂商所制造出来的实体产品与理想设计模型之间的同步性，同时实现产品全生命周期中多源异构动态数据的融合与管理，优化产品研发与生产决策。

从电力设备的生产流程来看，当下的电力设备制造生产企业在电力设备制造过程中普遍存在生产设备分散、信息化支撑较弱、生产过程中难以快速获得设备状态信息等问题；此外，人工操作环节过多也导致生产效率低、残品率高等问题。加之客户普遍需求的设备品类多、批量大，进一步减缓了制造厂商建设自动化、智能化车间的步伐；同时，车间外部无法及时根据车间内设备生产的实际情况对生产计划进行调整；此外，由于工序管理水平落后，难以准确获取员工的工作量、残品率，无法准确定位质量问题出现在哪个环节，严重影响了设备制造的效率和品质[38]。通过建立基于数字孪生的生产制造框架，可以推动物理车间、虚拟车间、车间服务系统的全要素、全业务数据的集成与融合。在此框架下，车间生产要素管理、生产活动计划、生产过程控制等可在物理车间、虚拟车间、车间服务系统间迭代运行，从而在满足约束、实现特定目标前提下，实现一种生产管控最优的车间运行新模式[39]，大大提高了电力设备生产效率，降低了生产残品率，也能满足客户对于设备品类多、批量大的要求。

1.3.2 保障电力设备可靠运行

电力设备的可靠运行是决定电力系统安全稳定运行的最关键因素之一。传统的电力设备维护管理都是采取定期检修、事故后维修的方式，然而，定期维护虽然可以减少甚至避免突发故障，但却可能造成非必要的停产以及人力、物力的损失。

为了解决这一问题，电力设备状态评估和状态检修策略应运而生，其将有效降低不必要的人力、物力损失。然而，在该策略的实施过程中，仍然存在着各种困难和问题。如：

（1）表征电力设备运行状态的状态量较多，但传感器种类较少，且不够稳定。

（2）电力设备状态量数据质量较差。

（3）电力设备状态评估模型准确性较差[40]。

在设备管理领域，利用数字孪生技术，可形成一套完善的数据采集、数据处理、模型建立、模型应用体系来解决上述问题。

首先，数字孪生感知层可以全面捕捉电力设备各方面的状态信息。随着高精度、高可靠、快响应、智能化、微型化的电力设备状态传感装置的广泛应用，对电力设备运行状态进行全面感知已成为可能。

其次，感知所得的数据必须通过数据处理技术进行深度清洗，剔除异常数据，保证数据质量。

最后，构建一个由异常状态快速检测模型、设备状态差异化评估模型以及设备状态精细化评估模型组成的电力设备状态评估数字孪生模型，实现对电力设备状态的精确评估。

1.3.3 降低电力设备健康管理与故障诊断成本

故障预测与健康管理（Prognostics and Health Management，PHM）在20世纪90年代被提出。传统的PHM实现方法包括基于经验模型的方法、基于数据驱动的方法和基于物理模型的方法。这些方法虽然已经得到了较为广泛的应用，但仍然存在着过度依赖专家系统、对历史数据需求量较大以及对设备建模要求较高等问题[41]。

而应用数字孪生技术，可以在虚拟世界中应用模型与数据相结合的建模方法，构建物理实体的精准映射，即物理实体的高保真数字模型，从而形成PHM领域的新方法。如刘大同等[12]提出的在数字孪生技术支持下的PHM，不仅能够对系统设备进行维护、维修和状态监测，还可通过虚拟现实技术对系统设备全生命周期产生全面的影响。数字孪生技术支持下的 PHM 采用模型和数据双驱动建模,可以实现对设备的全生命周期管理以及寿命预测。

同时,因为故障设备的种类不同,故障产生、发展的机理也各不相同,传统的统一三维可视化分析模型往往因为监测数据不及时、不同步,模型精度不高等问题,无法实现对故障的快速诊断分析。

电力设备数字孪生模块各部分之间的数据可以动态流动,数据可以实时更新,能够实现对电力设备全面可靠感知与实时交互。它集成了电力设备的几何、物理、行为及规则的四层模型[42],具有模拟电力设备实际运行情况的能力。利用电力设备的数字孪生技术,可以在数字空间实时得到运行参数的估计值,将此实时估计值与电力设备实测值进行比较,则可以精准且快速地实现电力设备的故障诊断[43]。由于电力设备数字孪生模型的结构框架固定,每一层模型的功能固定不变,因此种类繁多的电力设备以及各种可能出现的故障具有较好的可移植性。

因此,使用数字孪生技术构建电力设备的 PHM 系统,可以有效降低建模难度,并且在故障发生之后,使用数字孪生技术对多种设备的多类型故障进行故障诊断,减少了由于传统故障诊断系统可移植性低而产生的额外成本消耗。

1.3.4 故障智能决策与检修策略智能化制定

在传统的设备运维及管理模式中,故障的发生具有偶发性与突发性,运维人员难以及时、准确地对故障情况做出判断,并制定合理的故障决策,这往往使电力设备遭受难以预料的损坏,并使电力生产企业遭受巨大的经济损失。同时，在传统的检修计划制定模式中，大多数企业实行定期检修，然而由于检修周期制定不当，可能造成检修不足或者过度检修，对设备的安全稳定运行造成严重影响。

电力设备数字孪生技术通过多元数据融合算法，对物联边缘代理装置的云端数据和状态感知数据进行特征提取及综合处理，从而建立数字电力设备模型。它可以实时全面汇集、更新物联网感知信息和云端全生命周期信息，应用机器学习及大数据分析方法实现设备故障快速智能决策，从而减少故障造成的损失。电力设备数字孪生技术可以将前端传感器的实时采集数据（如实时负荷、电流、油色谱等数据）以及历史数据（历史传感器采集数据、缺陷数据、检修次数等数据）输入模型进行设备运行状态分析，通过实时更新设备状态和全生命周期数据，在线评估站内每台设备的健康状态，并滚动更新具有针对性的检修策略。相较于传统电力设备状态检修，基于数字孪生的检修策略智能化制定可以更加快速、智能地制定出检修策略，提高生产效率[44]。

1.3.5 促进电网"源网荷储"一体化

构建新型电力系统是能源电力行业推动国家"双碳"目标实现的关键举措。新型电力系统的一个显著特征在于"源网荷储"的高效协同，而人工智能技术则是实现这一协同的重要驱动力。随着新型电力系统建设的不断深入，系统接入了多种量测数据和外部信息，逐渐演变为一个结构复杂、设备众多、多源数据交互的庞大系统。传统的解析方法因受限于问题规模、变量维度、确定性边界以及对精确物理模型的依赖，在处理高维、时变、非线性问题时，难以在保证计算效率的同时确保计算可靠性。而人工智能技术的应用，则为解决这些问题提供了有效路径。

数字孪生技术以其信息与物理空间的双向映射特性，满足了人工智能技术对数据及模型的需求，成为促进人工智能赋能"源网荷储"协同应用的核心技术支撑。针对"源网荷储"的协同互动，数字孪生系统可抽象为物理平面、数字平面和互作用平面三个平面。其中，物理平面是对现实物理系统的映射，数字平面则是对数字空间的映射。而互作用平面作为两者之间的桥梁，打破了物理平面与数字平面因各自运行机理不同而存在的天然壁垒，实现了两者的连接、互动与协同。通过互作用平面的不断交互、调整与匹配，物理平面与数字平面的一致性持续提升，最终实现了物理平面信息的全面数字化处理，以及数字化指令策略对物理平面的全局协同控制。

1.3.6 降低企业员工培训成本

当前，电力设备趋于复杂化，这对工程技术人员的知识水平和实操能力提出了更高的要求。而部分高校与企业使用的传统教学培训模式多以教师课堂讲授和演示为主，导致培训的真实性较低、培训实效性不强。随着科学技术的进一步发展，数字孪生技术的应用得到进一步拓展，可以有效提高工程培训的效率、降低培训的危险性、提高培训的针对性，从而减轻企业对员工培训的负担、减少员工培训成本，因此将数字孪生技术应用于工程培训已成为当下的研究热点之一。

在工程培训的特定背景下，基于学生与场景设备的数字孪生体，可以构建新型的虚实结合、全生命周期检测反馈、个性化的工程培训体系。在该模式下，真实世界的实操学习与虚拟世界的操作培训两者相互融合，学生可以沉浸式地进行专业操作的学习。设备数字孪生体作用于设备的全生命周期，获取真实设备的各类信息，在虚拟世界构建培训设备场景以供学生学习。此外，通过将设备数字孪生体映射为3D打印模型，形成物理世界与虚拟世界之间的完整映射。两者共同构成了工程培训的基础教学资源，应用于理论学习、虚拟操作培训学习和针对性学习的工程培训全流程中。另外，将学生的基本数据以及培训过程中的学习数据进行整合，形成学生的数字孪生体，结合大数据分析和智能推送算法，对学生的培训过程进行进一步优化，针对不同的学生定制个性化学习计划，推送相应的学习内容，并进行进一步的技术考核，从而形成完整的工程培训流程考核闭环，构建出全面的工程培训模式[45]。

第2章

电力设备数字孪生
建设目标和总体架构

本章主要介绍电力设备数字孪生的建设目标和总体架构两个方面的内容。

第一部分阐述了电力设备数字孪生的建设目标，涵盖电力设备镜像映射孪生、仿真推演孪生和平行互动孪生三个层级的建设目标。以电源侧、电网侧、储能侧和负荷侧四类典型的电力设备为代表分别进行介绍，为数字孪生技术在电力装备行业的应用提供了借鉴和参考。

第二部分介绍电力设备数字孪生总体架构，该架构由5个层面构成。依次对5个层面的组件以及相关功能进行介绍，为实现人机互联、状态监测、智能控制、实时决策的电力设备数字孪生体的构建提供经验指导。

2.1 电力设备数字孪生建设目标

电力设备行业经过多年的发展，已经具备数字孪生技术应用的政策环境和相关技术条件。本节根据数字孪生的核心思想，结合电力装备制造和管理组织方式，提出了电力设备镜像映射孪生、仿真推演孪生和平行互动孪生3个层级的建设目标，为数字孪生技术在电力装备行业的模型研究和应用建设提供了借鉴和参考。

（1）在电源侧，针对以风力发电机、逆变器/功率控制器为代表的电源侧新能源发电设备的特点和运行特性，构建设备可视化模型、机理特性模型和数据驱动特性模型，形成设备数字孪生体。实现电源侧设备数字孪生的规范化集成、封装、调用与持续改进，真正意义上实现新能源的在线功率预测、并网实时控制、状态智能感知、调度自主决策的数字化管理。

（2）在电网侧，利用模块化构建、通用性组合、标准化复用的建模技术，以电、热、机、磁等多形态物理驱动模型为主，数据驱动模型为辅，构建电网侧设备数字孪生模型体，实现虚实互动、以虚控实的目标。

（3）在储能方面，基于以抽水蓄能用电动发电机、化学储能单元为代表的储能侧设备态势感知与稳定控制需求，利用数字孪生技术建立全尺度、多物理场耦合储能设备的数字孪生模型体，并基于模型降阶技术、模型进化技术、人工智能算法，建立全尺度、多物理场耦合的储能设备数字孪生体，为全面发挥储能设备的平滑过渡、削峰填谷、调频调压等功能奠定基础。

（4）在负荷侧，根据充电桩、热泵等负荷侧设备的特点和运行特性，构建电、热、机、磁等多形态负荷设备数字孪生体，为实现"源网荷储"协同运作及提升用户服务水平奠定基础。

2.2 电力设备数字孪生体总体架构

电力设备数字孪生体是电力设备物理实体对象的数字模型，其总体架构通常包含物理层、感知层、数据层、孪生层及应用层5个层面。通过实时监测、仿真推演和数据分析，实现对电力设备物理实体对象的动态感知、状态评估、精准预测；通过优化指令实现对电力设备物理实体对象的行为调控；通过电力设备数字模型间的相互学习，进行迭代更新，同时为利益相关方在电力设备物理实体对象生命周期内的决策提供指导建议；最终构建出能实现人机互联、状态监测、智能控制、实时决策的电力设备数字孪生体。电力设备及其数字孪生体总体架构示意图如图2-1所示。

物理层包含电力设备设计、制造、交付、运维及报废回收等全生命周期所涉及的电力设备物理实体，可以划分为电源侧设备、电网侧设备、储能设备、负荷侧设备四类物理设备，是数字孪生的现实基础。

感知层依托电力物联网的边缘物联代理、感知设备、传感网络、电力物联网平台，为电力设备数字孪生提供所需的数据源。这些数据包括基于三维实景采集工具与技术获取的电力设备实景数据，以及由传感与巡检装置获取的表征电力设备运行状态及运行环境的各类电气量、非电气量，涵盖感知、量测、控制和标识等信息。感知层负责在电力设备孪生体和物理对象之间上行感知采集数据和下行控制执行指令。

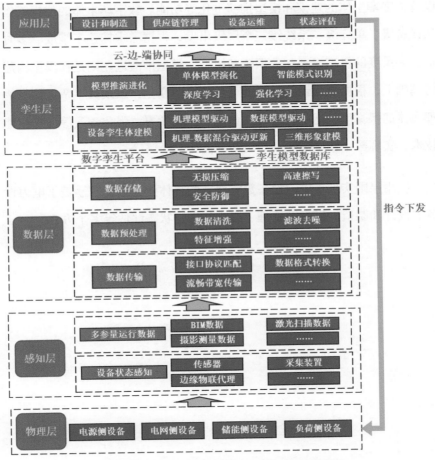

图 2-1 电力设备及其数字孪生体总体架构示意图

数据层可以灵活接入电力设备的多种数据，同时能够高速传输、存储、处理及分析电力设备产生的海量数据。它的主要功能是为其他层级提供数据支撑，确保感知层采集到的物理实体数据能够实时传递给孪生层，同时孪生层的管理控制指令也能通过数据层准确地传达给物理层，实现物理实体与数字孪生体的协同互动。

孪生层是与物理层中的物理实体相对应的虚拟模型集合。它包含了设备数字孪生体的建模和模型推演进化等功能。数字孪生体的建模工作从设备级、单元级、系统级三个层级出发，根据需求构建多维度、多时空、多尺度的机理模型和数据驱动模型。模型推演进化则是在模型构建的基础上，根据电力设备运行环境和状态的变化，以及数字孪生体与物理实体的保真度，运用智能模式识别、深度学习、强化学习等人工智能技术，实现数字孪生体的动态更新和演化。

应用层则实现了电力设备数字孪生的具体业务应用，涵盖了电力设备的设计和制造、供应链管理、运维管理、状态评估等多个方面。

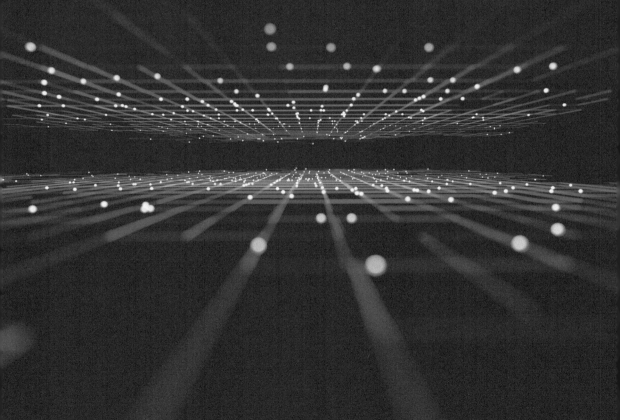

第**3**章

电力设备数字孪生
关键技术

　　为构建实体电力设备的数字孪生体，实现物理实体与数字实体之间的实时互动，并在应用场景中发挥特定功能，我们需要依赖一系列基础支撑技术，并经历多个技术演进阶段，以精准地在数字世界中塑造物理实体。

　　总体而言，构建电力设备数字孪生体的过程需基于材料的多特性参数与耦合模型，利用先进的建模技术构建一个精确的数字模型。同时，借助物联网技术，我们可以构建一个以数字模型为核心的数字化系统，用于交互和运算。此外，由于数字孪生体运行过程中涉及大量数据的实时交互，且实际应用场景对交互速度有严格要求，因此我们必须依赖大数据和云计算等技术，以实现数字孪生体的实时或准实时交互、运算、展示与控制。本章基于第2章介绍的物理层、感知层、数据层、孪生层及应用层架构，梳理了电力设备数字孪生体从开发构建到应用维护阶段的关键技术要点。

3.1 数字孪生体物理感知层关键技术

3.1.1 物联网技术

物联网技术作为数字孪生的现实基础，通过连接电源侧设备、电网侧设备、储能侧设备和负荷侧设备等物理实体，为数字孪生提供了最根本的设备连接、信息采集和智能提升的新型基础设施。

具体而言，物联网按照约定协议，通过信息传感设备，将设备与网络、平台相连接，实现信息交换与通信，进而实现智能化识别、定位、跟踪、监控和管理。在电力设备数字孪生的应用中，物联网技术向上提供标准化接口，为业务应用、数据中心等提供服务，实现人与电力设备的信息交互；向下则通过标准化协议实现采集终端、智能网关等设备的连接交换，实现设备之间的互联、信息交互和远程操控，从而支撑数字孪生体与实体设备的实时互动。物联网技术作为新一代信息技术的高度集成和综合运用，具有渗透性强、带动作用大、综合效益好的特点。通过以该技术为基础为电力设备数字孪生赋能，是实现电网数字孪生的物理基础。

3.1.2 时间、空间模型构建技术

电力设备的时间、空间多尺度模型化，是电力设备数字孪生的重要手段和前提。结合 BIM 数据、摄影测量数据、三维激光扫描数据，利用先进建模技术，可快速、精准地构建复杂电力设备三维模型，并将此

作为设备数字孪生体模型的空间骨架。在此基础上，综合考虑电力设备的几何形状、物理参数、状态信息和标准规则等，建立多物理场、多尺度、多区域的设备数字孪生仿真模型，实现数字化描述模型特征。数字孪生的本质是用信息换能量，以更少的能量消除各种物理实体，特别是复杂系统的不确定性。同时，还要考虑在不同时间分辨率下的变压器状态，以实现时间、空间下多尺度的模型构建。

3.1.3 设备状态感知技术

从电力设备数字孪生实现的功能来看，数字孪生本身就具有多状态参量实时感知的能力，特别是对一些现有传感技术难以监测的设备内部状态量，数字孪生成为其状态感知的重要补充。但另一方面，电力设备要实现数字孪生，其基本前提是设备关键入口参数的多维度、多层次精准监测。同时，感知技术对关键状态参数的监测，是设备数字孪生准确性验证的关键。

数字孪生体系对设备状态感知的准确性、实时性、数据黏度、一致性和多功能性提出了更高要求，而目前传统传感器已无法满足数字孪生的功能需求。先进的智能化传感器在物理量转换的基本功能基础上，利用微处理器的计算能力，将信息分析、自动校准、功耗管理、数据处理等功能有机结合在一起，提升了其综合能力，从而使智能传感器具备自动校零、漂移补偿、过载防护、数模转换、数据存储、数据分析等能力。这样，智能传感器不仅可以作为数据采集的端口，还可以自发地上报自身的信息状态，构建感知节点的数字孪生体，支撑数字孪生体的可演变特性。另一方面，不断涌现的针对全新物理量的状态感知技术，也为数字孪生体的构建奠定了硬件基础。

3.1.4　高效采集技术

数据是电力设备数字孪生模型的基础，高效采集包含设备本征数据、环境数据、状态数据等在内的各类数据，是实现电力设备数字孪生的关键。面对多参量、多维度、多变化的状态数据高效采集需求，我们需从三个方面着手：首先，针对设备和数据特征，建立统一的设备接入物联网平台，提供丰富的数据接口，并兼容各类数据接入协议，以支持多终端数据的自适应接入；其次，采用容量可达的随机编码方法，构建稳定的数据采集与传输方案，在二进制离散无记忆信道中有效克服噪声对数据传输的干扰，确保各类设备数据的准确采集与传输；最后，构建数据快速存储通道，以应对海量的终端数据，支持平滑扩容，具备亿级接入、千万级连接和百万级并发能力，从而突破数据采集受存储速度制约的瓶颈。

3.2　数字孪生体数据层关键技术

数字孪生体中的数据层，是数字孪生体在应用过程中连接虚拟模型与实体的重要桥梁，是实现电力设备全面互联与感知的神经中枢，是为数字孪生体提供最根本的设备连接、信息采集和智能提升的新型基础设施，是新型电力系统的核心赋能者。

数字孪生体的数据层，通过信息传感设备，利用先进的接口技术，实现物理世界的电力设备实体与其数字孪生体之间的信息、数据交换，从而实现智能化的监控和管理。数字孪生体数据层主要分为两个部分：一是数据的清洗、去噪和特征强化技术，用以确保高品质数据库的建立；二是数据隐私和安全性防御机制，用以保证电气设备的安全平稳运行。目前大部分数字孪生体数据层技术已经在通信和信息安全方面得到广泛的实践和应用，技术非常成熟。在可预见的未来，这些技术足以满足电力设备数字孪生技术的应用需求。

3.2.1 数据处理

数据处理主要包括数据归一化转换、清洗去噪和增强技术。

1. 数据归一化转换技术

在数字孪生体的数据层，样本数据通常都是多个维度的，即一个样本是用多个特征变量来表征的。这些特征的量纲和数值的量级都是不一样的，如果输入的数值量级具有非常大的差异，往往会导致数字孪生体在机器学习算法中的性能表现不佳。数据归一化转换技术可以使不同类型的数据具有相同的尺度。

2. 数据清洗、去噪技术

随着电力设备数字化程度的提高，运维过程中产生的数据量将不断增加。数据清洗的目的是通过检查和校验数据，删除重复信息并纠正错误，以确保数据的一致性。这一过程包括一致性检查、处理无效值和缺失值等步骤。电力设备的数据来自多个业务系统和历史记录，可能存在错误或冲突，这些数据被称为"冗杂数据"。数据清洗就是通过一定规则处理这些冗杂数据，以提高数据质量。

一致性检查依据变量的合理范围和相互关系，发现异常数据，如极端温度波动或异常气体检测等。无效值和缺失值通常由数据录入误差造成，可通过估算、整例删除、变量删除等方法处理。选择不同的处理方法会影响分析结果，因此应尽量避免无效值和缺失值，以确保数据完整性。残缺数据由业务系统的不完善导致，应通过数据清洗不断优化算法，实现精准计算和评估。

电力设备的监测数据大多体量大、维度高、噪声多。为了有效去噪，可采用Bootstrap方法确定重构数据阈值范围，或基于深度学习的堆栈降噪自编码器模型，对电力变压器油中气体数据进行清洗和去噪。

3. 数据增强技术

数据增强技术旨在防止模型过拟合，提高模型的鲁棒性和泛化能力，并避免样本不均衡。其核心是防止模型作弊，确保训练出真实特征。在电力设备数字孪生体中，针对多维度、多物理场的数据，数据增强应注重分析不同数据和信号的特征状态，从而更准确地表征设备状态，支持运维工作。

3.2.2 数据隐私与安全防御技术

电力设备数字孪生体的数据传输涉及机密信息，传统云计算模式将这些数据上传至云中心，从而增加了隐私泄露的风险。传统的云计算数据安全机制无法有效保护电力设备孪生体产生的大量数据。当前主要挑战包括数据存储、共享、计算、传播、管控以及隐私保护等方面。为了保障电力设备数字孪生体中的数据隐私安全，可以采用以下加密技术。

（1）属性加密：这种密码机制通过控制接收者的属性是否满足特定策略来解密数据。策略可以用逻辑表达式或树状结构表示，为电气设备的数据安全提供了有效的解决方案。

（2）代理重加密：允许数据在加密状态下由代理转移或更新，加密方和解密方之间不直接交换密钥。

（3）全同态加密：允许在加密数据上执行计算而无须解密，从而保护数据在计算过程中的隐私。

在边缘计算环境中，构建轻量级、分布式的数据安全防护体系成为研究重点。安全防御技术主要包括身份认证和访问控制。

（1）身份认证：包括单一域认证、跨域认证和切换认证。单一域认证解决电气设备和数字孪生体的身份分配问题，通过授权中心认证来获取服务。当前的研究主要集中在设计具有隐私保护特性的认证协议上。

（2）切换认证：该认证可以解决高移动性用户的身份认证问题，为边缘计算中的边缘设备提供实时准确认证，同时关注认证过程中的用户隐私问题。

（3）为了节省本地存储空间和计算成本，通常将私有数据外包到边缘数据中心或云服务器，但这也带来了外部和内部都被攻击的风险。因此，确保数据的保密性和访问控制是保护系统安全和用户隐私的关键技术。

3.3 数字孪生体孪生层关键技术

3.3.1 先进数据管理与分析

电力设备状态监测数据，包含在线监测数据、带电检测数据、预防性试验数据等，具有数据量大、增长迅速、类型众多、价值密度稀疏等特点。此外，数字孪生体运行过程中也会产生多层数据海量交互，形成的数据集群具有容量大、类型多、存取速度快、应用价值高等特征。这些复杂数据类型依赖先进的数据管理与分析技术。以大数据技术为代表的先进数据技术正快速发展，能够对数量巨大、来源分散、格式多样的数据进行采集、存储和关联分析，从而发现新知识、创造新价值、提升新能力。这将有助于在未来新型电力系统场景中实时掌握与设备健康状况相关的特征参数和潜在风险。

3.3.2 云边协同计算

现阶段，国内电力行业在云计算、边缘计算方面已进行了初步探索并有一定的技术积累，可以为各种电力业务的智能化提供基本保障。尽管对电力大数据的挖掘和分析的研究已经进行了数年，但电网数据种类多、量级大且较难统一管理，加之数据的标签信息较少或缺失，导致可用于分析的数据不足。此外，作为数字孪生体的核心技术之一，人工智能技术虽能高效处理数据，但是以高计算资源为代价的。虽然利用云端的强大计算资源可以驱动"大脑"运转，但其服务时延和网络带宽消耗均较高，因此无法满足就地处理与实时智能分析的业务需求。此外，将数据传输至云端也增加了用户数据隐私泄露的风险。

在电力领域应用中的不同环节，如数据聚合、数据处理、数据分析和数据决策等，往往也会产生各种各样的业务约束要求。其中，对处理时延、传输带宽和数据隐私等有着非常高要求的应用，迫切需要在靠近网络的边缘侧提供智能处理功能。显然，传统的云中心智能模式无法很好地满足此类业务需求，而边云协同智能技术为解决上述问题提供了一条可行的道路，即通过端、边、云之间的协同优化，实现安全、敏捷、低成本、低时延、隐私保护的大数据和人工智能服务与应用。边云协同智能技术由于具有节省带宽、减少时延、保护数据隐私等诸多优点，能够为数字孪生系统构建提供有力支撑。

3.3.3　人工智能算法

人工智能是一门新兴的技术科学，致力于模拟、延伸和扩展人类智能的理论、方法、技术及应用系统。在识别、预测、优化和决策任务中，人工智能在效率、精度和自学习能力方面的突破，为电力设备的运维检修提供了全新的技术手段和研究思路。目前，电力设备数字孪生技术的优化越来越依赖人工智能算法的强大计算能力。

我国电网的输变电设备呈现出设备种类多、分布范围广、结构参数各异等特点，设备本身也是一个极其复杂的系统，表征其状态的特征量众多，如运行工况、检修历史、工作环境、监测数据、家族质量史等。这些状态信息具有不确定性和模糊性，且各参量间关系复杂、相互耦合影响，因此要对电力设备运行状态进行有效、准确的评估存在较大的困难。传统方法在评估准确度、诊断效率、知识更新等方面逐渐显现出不足。而深度学习、知识图谱等新兴人工智能算法的理论突破，以及以 GPU、TPU 为代表的高计算力技术的发展，为人工智能在输变电设备运维检修中的实际应用提供了技术支撑。

3.3.4 多物理场耦合分析技术

对于电力设备而言，云边协同计算和人工智能算法虽然可以分析大量在线监测数据和设备的表现行为，但对于未知的负荷条件和操作模式，历史数据并不能完全代表设备的实际表现，尤其是在未来电网大量新能源接入的背景下。因此，电力设备的数字孪生体需要借助多物理场建模与分析技术。

对于电力设备而言，需要从力、热、电、磁、热等维度建立多物理场耦合模型。不同物理场会相互影响并存在层级效应，例如机械形变会影响热特性和电特性。因此，在多物理场耦合过程中，要考虑不同物理场的优先级和结果分析、交互特性。与此同时，目前计算成本和时间成本是限制多物理场耦合模型应用的主要因素。因此，对于多物理场耦合模型，重点在于耦合计算和迭代算法的优化，保证耦合多物理场既能算得准，又能算得快。

同时，多物理场耦合的仿真结果需要进行分析和优化。多个物理场的耦合需要对不同物理过程进行排序、分类，要明确结果的分析和转换方法，从而保证多物理场仿真的精确性。

多参数、多范围、多维度的物理场耦合和结果分析，会直接影响到应用层的多参数匹配寻优，进而提高模型结果的可视化程度，实现物理参数的客观可测，有助于更新运维计划和了解故障阈值。

3.4 数字孪生体应用层关键技术

3.4.1 人机交互技术

人机交互技术（Human-Computer Interaction Techniques），是指通过计算机输入、输出设备，以有效的方式实现人与计算机对话的技术。数字孪生技术为电力设备的状态感知和智能运维提供了新的解决方案，而目前电力设备数字孪生技术的应用还离不开人机交互技术。一方面，数字孪生技术对设备状态的感知和演变结果需要通过人机界面推送给运维人员，同时可以通过运维人员实现人工介入操作；另一方面，通过人机交互技术，可以充分发挥专业运维人员的经验优势，实现对数字孪生结果的验证与应用。

目前，以虚拟现实（VR）、增强现实（AR）与混合现实（MR）等技术为代表的现实交互技术是人机交互技术的全新形态。这些技术可以将系统的制造、运行、维修状态以超现实的形式呈现出来，对复杂系统的各个子系统进行多领域、多尺度的状态监测和评估，将智能监测和分析结果附加到系统的各个子系统和部件中，在完美复现实体系统的同时，将数字分析结果以虚拟映射的方式叠加到所创造的孪生系统中，从视觉、声觉、触觉等各个方面提供沉浸式的虚拟现实体验，实现实时且连续的人机互动。相关技术的巧妙应用，能够大幅提升数字孪生体在电力设备运维工作中的应用价值。

3.4.2 服务迁移技术

随着电力设备监测需求复杂化、监测终端智能化的发展，越来越多的服务倾向于放在边端位置，以满足低时延、高可靠性的需求。于是，为了整合网络边缘设备的计算、存储能力，以集群形式协同提供服务的边缘计算、雾计算等概念应运而生。然而，由于终端设备存在动态性高、资源受限等问题，当终端无法满足用户需求或集群内部负载不均衡时，需要将用户提交的任务转移到其他节点上执行，再由其他接入节点交付给用户，即服务迁移。目前，尽管电力设备品类、型号数目众多，但就其工作原理、运维逻辑和物理机制而言，存在大量相似之处。此外，电力设备建模与仿真技术正向着普适化方向发展，在此契机下，服务迁移技术的应用能够大幅降低数字孪生技术的推广成本。

3.4.3 多参数匹配寻优技术

电气设备数字孪生体要考虑多个参数间的耦合对性能优化的影响，

且对理想运维、工作效率等多个性能指标难以建立客观的综合评价函数。作为数字孪生体，很难同时兼顾到对各物理过程和试验参数进行细致的仿真和数据采集。因此，对于不同的电气设备，需要做优先级的排序和管理，以实现对不同设备采取不同的管理办法，从而建立智能化和有针对性的数字孪生体，更好地服务生产实践和工程建设。

3.4.4　复杂多维信息合成与可视化技术

借助 3D 渲染、虚拟现实、三维空间重建、精确配准等技术，可以呈现多维状态感知和仿真结果，从而提高结果的可视化效果，辅助设备状态的诊断分析。利用这些技术，可以直接还原现场的视觉和听觉感受，并允许用户观察和操作虚拟电力设备。

基于动态建模技术和多源数据的融合，可以实现电力设备孪生体一体化管理及全维度能量流、信息流的动态感知映射，建立数字孪生全景电网基础。利用数字网架的全时态版本管理与集成技术，可以叠加分钟级、秒级、毫秒级的实时数字电气量等数字能量信息，从而形成数字孪生全态电网基础。此外，利用二、三维时空信息、VR 与 AR 虚拟交互、Bloom 泛光、UV 流动、TimeLine 特效、图拓扑分析、时序时空叠加等技术，可以提高数字孪生动态的呈现能力。

3.4.5　电力设备多物理场仿真技术

随着全球工业化和城市化进程的不断加快，电力需求持续攀升。绿色、低碳、高效、安全、稳定的电力系统成为社会和企业发展的共同目标，而新型电力系统则是能源转型的核心。工业体系数字化、信息化的高速发展，使企业可以在建造实体原型、生产线或是开始实际生产前使用仿真技术，在虚拟环境中设计、模拟并测试各种复杂的产品，大大降低了风险和成本。

近年来，我国在超高压/特高压电网运营方面取得了显著成就，相关电力系统和设备能够安全且稳定地运行。然而，为了获得更高的电压等级及其安全性，需要更加严格的运行指标，这就对大容量、高性能输配电设备提出了更严格的要求。

传统的设计方法大多采用实验进行验证和反复修正迭代，在新产品开发过程中会遇到诸多问题。这些问题包括产品原型机的生成和设计成本太高、设计周期太长，以及实验难度大等，因此传统的通过试验反复进行产品迭代来进行设计的方式越来越不可行。越来越多的工程师借助计算机技术对电力设备的工艺制造、运行环境、安全维护等环节进行分析、理解、预测和优化。

目前，计算机辅助设计（CAD）已经在电力设备制造中得到了广泛运用，但是，利用计算机辅助工程（CAE）进行最优化设计还未广泛推广。电力设备中涉及的物理场主要包括电气、机械、流场和温度场等，这些物理现象彼此之间存在很强的相互耦合作用，构成了一个集电、磁、结构、热、流体等于一体的复杂体系。这一系统能够实现各种物理场之间任意耦合的多物理场仿真，可以精准地描述这些关系并获得精确的结果。多物理场仿真软件能够将实体模型转化为仿真应用或App，从而在虚拟空间中实现对电力设备等现实对象的映射。

所有这些工作都可以通过 COMSOL Multiphysics® 软件来完成，这就是来自工程、制造和科学研究各领域的工程师和科学家使用 COMSOL Multiphysics® 软件来模拟和仿真不同工程领域的设备、工艺和流程的原因。该软件依托先进的数值方法，提供完全耦合的多物理和单物理建模功能。软件的核心建模工具——模型开发器，提供了支持建模工作流程中从几何、材料参数、物理场设置到结果后处理所有步骤的相应工具。软件还提供了应用开发器，可以将模型转换成仿真 App，并配备了用来管理仿真模型和 App 的模型管理器。其附加产品可以通过平台进行无缝连接，为电磁、流体、传热、结构、声学和化工等领域带来专业功能拓展。同时，主要的计算技术和 CAE 领域的 CAD 工具都集成到了 COMSOL Multiphysics 仿真平台中。

在对研究对象进行多物理场建模的基础上，可以进一步开发出更加简洁实用的应用程序。这些应用程序可以与传感器数据采集、数据库、机器学习、数据仓库等相结合，在虚拟空间中实现对电力设备等现实对象的映射，从而能够以数字孪生的方式模拟现实环境中的种种行为和工况，监控电力设备的实际生产和运行过程，并对结果进行预测和验证，实现对电力设备的监测、诊断、预测、控制等功能。

COMSOL Compiler™ 或 COMSOL Server™ 产品能够根据个人需求以仿真 App 的形式与任何人分享知识和专业技能。COMSOL Server™ 可以帮助寻找一个详细的仿真应用和用户管理方案，而 COMSOL Compiler™ 能够以建模和仿真 App 的形式与任何人分享知识和专业技能。上述两款产品都可以完成数字孪生体的构建，并且可以将仿真的优势传递给使用或维护设备、产品或过程的人。

利用上述 COMSOL 公司的两款产品，可以实现对研究对象的多物理场仿真、App 开发和部署，数字孪生等各种应用的需求。显而易见，COMSOL Multiphysics® 软件可以为创建数字孪生高保真描述提供所需的多物理场和多尺度模型。此外，还可以使用实测数据，并结合不同的参数估计、优化和控制方法来控制和验证这些模型。COMSOL Multiphysics® 还提供了模型降阶和集总模型方法，用于生成并验证轻量级模型。

COMSOL Multiphysics® 模型还包含多个模型组件，从而实现对系统的模拟。例如，一个完整的电路系统模型，其中包含用于输配电的变压器模型、电缆模型，用于预测工作温度的流热耦合模型，以及与安全性相关的结构模型等组件。

在 COMSOL Multiphysics® 中，一起使用 COMSOL API 与 Java，可以实现真实空间和虚拟空间之间的紧密连接。例如，包含在模型中的 Java 程序，可以通过使用动态链接库文件与外部系统进行通信。得益于 Java 生态系统，还可以将虚拟空间打造为 Web 服务（比如运行在 Tomcat 中基于 Java 的 Web 服务），这种 Web 服务可以提供表征性状态转移应用程序接口，实现与真实空间的通信。这无疑将会是数字孪生环境的核心组成部分。

第 **4** 章

电力设备数字孪生体
构建实例

　　本章首先明确说明了电力设备与数字孪生模型的分类。考虑设备在电力系统拓扑结构中所处的位置及功能，电力设备可分为电源侧设备、电网侧设备、储能设备、负荷侧设备；电力设备数字孪生模型可分为机理模型、数据驱动模型、混合驱动模型和可视化模型等。

　　接下来进一步收集并研究了电源侧、电网侧、储能和负荷侧4类典型电力设备中技术相对成熟、较具有代表性的数字孪生模型。其中，电源侧设备包括逆变器和风力发电机组；电网侧设备包括输电线路、变压器和断路器；储能设备包括抽水蓄能用电动发电机和化学储能单元；负荷设备以充电桩为例。通过收集典型设备数字孪生模型构建实例，为电力设备数字孪生建模业务开展提供参照案例，有力推动电力行业数字化和智能化升级。

4.1 电力设备分类及模型

4.1.1 电力设备分类

（1）负荷侧：根据 DL/T 1390—2014 "12 kV 高压交流自动用户分界开关设备"定义，用户分界开关连接用户一侧为负荷侧。

（2）电源侧：指电能产生、变换直至连接到电网进行传输之前的一侧（如升压变压器低压侧之前部分）。

（3）电网侧：指连接电源侧和负荷侧之间的部分。

（4）储能：为可实现一定规模电能存储并可作为备用电源投入使用的相关设备。

4.1.2 模型分类

数字孪生模型是指用于实时镜像和描述电力设备物理实体，并高度还原物理实体特性的内核及展现载体，具体包括特性抽象模型和可视化模型。

（1）特性抽象模型：对电力设备物理实体的各类抽象信息，包括但不限于对输入、输出参量，以及输入、输出参量传递特性的实时映像。数字孪生电网的特性抽象模型包括机理模型、数据驱动模型和混合驱动模型。

- 机理模型：基于物理学定律建立的数字孪生模型。
- 数据驱动模型：基于数据中台物联数据拟合建立的实时逼近数字孪生模型。
- 混合驱动模型：基于机理模型和数据驱动模型融合得到的实时数字孪生模型。

（2）可视化模型：是对电力设备物理实体的虚拟形象展现，主要通过三维模型实现。多个单一实体的可视化模型，根据物理实体的实际位置、尺寸的约束关系，通过组装配合，共同构成整个系统的可视化模型。

特性抽象模型一般用于描述电力设备的输入、输出特性，机理模型通常根据物理学定律构建，数据驱动模型基于电力数据与智能算法构建，而混合驱动模型可通过层次分析法或灰度关联法等实现机理模型和数据驱动模型二者的有机融合。可视化模型一般用来描述电力设备的外形、部件间的装配关系，以及实现特性抽象模型的可视化展示等。

4.2 电源侧设备

4.2.1 逆变器

逆变器作为交直流电能转换装置，在先进拓扑结构优化和智能控制方面所涉及的关键技术均存在较大的发展空间。为实现逆变器智能控制和自我安全保护，国内外多个组织和机构对逆变器数字孪生技术所涉及的孪生建模、仿真计算等方面进行了研究，但在孪生模型推演进化、虚实互动等方面仍存在较大不足。

目前，国内外机构对逆变器数字孪生的建模及应用尚处于起步阶段。其中，南京航空航天大学[46]、德国伊尔默瑙工业大学[47]、美国堪萨斯州立大学[48]等机构的研究相对具有代表性。逆变器数字孪生系统总体框架如图 4-1 所示。

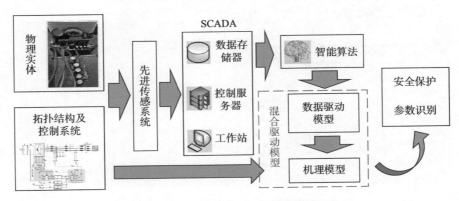

图 4-1　逆变器数字孪生系统总体框架

在逆变器数字孪生建模方面，一般采用以机理模型为核心、数据驱动模型为辅助的混合驱动孪生模型，如图 4-1 中的红色方框所示。基于交流侧和直流侧所描述的微分方程、逆变器电路以及控制回路的拓扑结构，建立逆变器的机理模型；进一步利用反向传播算法，建立模型控制器参数化的 PI 控制器，并根据测量数据的响应对控制器进行动态整正；同时，根据目标模型偏差和控制回路中参考模型的测量数据，自动调整控制器；此外，基于神经网络的监督学习特征，通过使用大量的数据，对神经网络进行训练，以实现逆变器在虚拟空间的精确映射。

在仿真计算方面，基于逆变器所建立的数字孪生系统，通过逆变器模型演化实现运行状态的前馈感知。将逆变器的输出电压数据输入逆变器数字孪生系统中，可以得到输入电流、输出电压和电感电流等参数；同时结合物理逆变器系统对电流、电压的测量数据构造目标函数；进一步利用智能优化算法构建最小化数字孪生系统，输出并更新参数，从而调控逆变器的运行状态，实现"以虚控实"的目标。逆变器仿真计算流程如图4-2所示。

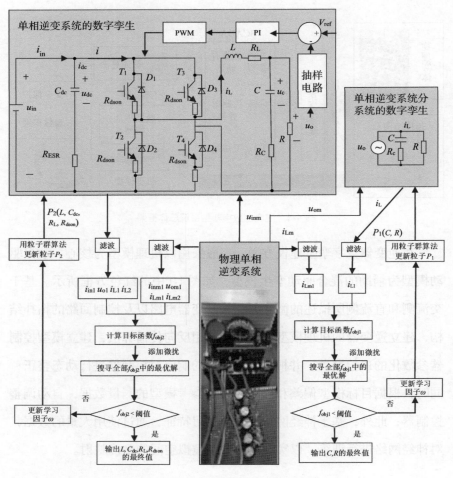

图4-2　逆变器仿真计算流程

相较于在数字孪生建模和仿真计算等方面的研究，逆变器数字孪生技术在全面状态感知和智能运维等方面仍需要更进一步的发展。因此，可以预测，研究智能模式识别、机器学习等技术以形成逆变器闭环智能运维体系，将成为未来逆变器数字孪生技术的主要发展趋势。

4.2.2　风力发电机组

目前，风力发电机组故障超前识别和风险前馈控制、输出功率精准预测是新能源发电领域数字化控制与智能运维的重要发展趋势，其中所涉及的多种技术均存在较大的挖掘潜力。为实现风电机组关键部件故障前馈推演及输出功率精准预测，国内外众多组织和机构对风电机组数字孪生技术所涉及的多源异构信息采集融合传递、数字孪生建模、虚实实时互动等方面进行了研究，但在数字孪生模型智能迭代推演、海量数据隐性关联信息深度挖掘等方面仍存在较大不足。

相对而言，华北电力大学[49]、浙江大学[50]、英国贝尔法斯特女王大学[51]所开展的研究较具有代表性，他们构建的风电机组数字孪生系统总体框架如图4-3所示。

在多源异构信息采集传递融合方面，当前的技术发展趋势是应用卷积神经网络、灰度关联信息挖掘、形态学微弱特征提取等智能算法对风机塔筒、叶片、轴承、齿轮箱、发电机等多个部件的海量采集数据进行有机融合，为数字孪生模型提供关键数据支撑，其核心逻辑如图4-3中红色框部分所示。

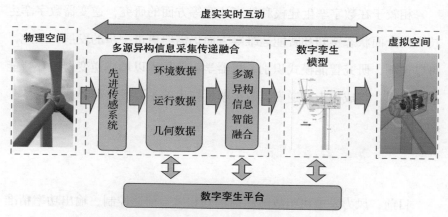

图 4-3 风电机组数字孪生系统总体框架

  风电机组数字孪生建模如图4-4所示，该模型采用机理模型与数据驱动模型相融合的混合驱动数字孪生模型。基于叶素动量理论、双质块传动系统、拉格朗日方程、电磁感应定律等物理学定律建立风电机组机理模型[49]；基于经验模态分解、长短时记忆网络、贝叶斯优化等智能算法构建风电机组数据驱动模型[50]；采用对机理模型与数据驱动模型输出动态赋权方式，生成风电混合驱动模型，并运用层次分析法确定机理模型与数据驱动模型的权重系数，实现风电机组数字孪生体无限逼近于物理实体。

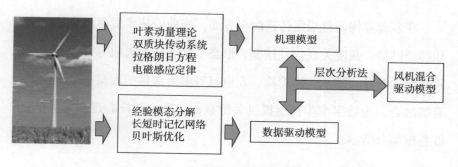

图 4-4 风电机组数字孪生建模

在风电机组虚实互动方面，基于风电机组混合驱动数字孪生模型，得到风速、风向、湍流强度、温度与关键部件振动响应、输出功率等参数之间的传递关系；通过风电机组数字孪生模型与物理实体的参数对比分析，优化数字孪生模型，确保输出误差在允许范围内；同时，利用采集的实际环境数据，模拟真实场景下风电机组的运行状态，实现风电机组关键部件故障前馈推演及输出功率的精准预测，从而优化风电机组的运行、控制、检修、维护流程，达到"虚实互动、以虚控实"，实现虚实空间的交互与协同，风电机组虚实实时互动如图 4-5 所示。

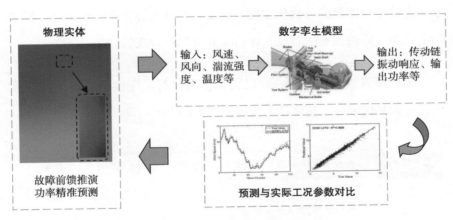

图 4-5　风电机组虚实实时互动

目前，相较于在多源异构信息采集、传递、融合和数字孪生建模等方面的较深入研究，风电机组数字孪生技术在孪生模型迭代和智能决策方面较为薄弱。

因此，可以预见，开发人工智能算法实现孪生模型自主更新迭代，以及通过深度学习、机器学习等技术形成风电机组智能决策，将成为未来风电机组数字孪生技术的主要发展趋势，最终实现风电机组虚实共生。

4.3 电网侧设备

4.3.1 输电线路

输电线路实时监测与全链路数字孪生应用作为数字电网的重要发展趋势，但仍需要继续深入研究其与输电线路结合的数字孪生技术。数字孪生输电线路是电力系统的重要组成部分，其数字化、智能化建设对推进我国能源电力转型发展有着重要意义。国内众多机构已对输电线路数字孪生技术所涉及的可视化建模、虚实同态呈现等方面展开研究，但在输电线路故障前馈感知和风险评估等方面仍较为薄弱。

相较而言，南方电网、武汉大学、国网石家庄供电公司[52]所开展的研究颇具代表性，整体技术架构如图4-6所示。

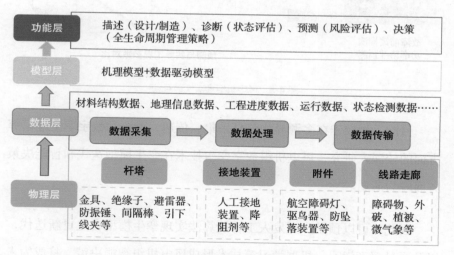

图 4-6　数字孪生输电线路的技术架构

在可视化建模方面，通过数字孪生技术提升地下管廊输电（电缆、GIL）的状态可视化水平，如图4-7所示。通过搭建地下管廊输电系统的可见光、红外图像视频监测平台，融合电压、电流等运行数据信息，实现管廊输电运行状态监测、可视化呈现等功能，确保供电的可靠性。

图4-7 数字孪生提升地下管廊输电（电缆、GIL）状态可视化

在虚实同态呈现方面，国网石家庄供电公司构建了110kV方北站至110kV建华站之间电缆线路的虚实同态的电缆线路数字孪生模型[53]，如图4-8所示。一是基于多信息融合技术，将三维模型与设备台账、运行数据、环境信息有机融合，实时监测电缆线路的运行状态和电缆隧道内的环境状况。二是根据档案数据、试验数据、故障记录等信息，统计计算发电小时数、系统发电量、系统效率、系统故障次数等指标。三是根据人员、车辆、检修装备、备品备件、故障情况等信息，推算光伏电站光伏板上的积尘厚度，从而制定合理的清洗策略。

图4-8 国网石家庄供电公司的数字孪生电缆线路

尽管在可视化建模和虚实同态呈现等方面取得了较大进展，但输电线路数字孪生技术在线路风险前馈感知和智能决策等方面仍有待加强。因此，可以预见，基于智能算法及海量运行数据精准预测线路状态、前馈感知风险，并研究深度学习、机器学习等技术智能化生成输电线路运维策略，将成为未来输电线路数字孪生技术的主要发展趋势。

4.3.2　变压器

目前，变压器多物理场耦合仿真和智能故障诊断是实现变压器智能化运维与研发设计优化的主要发展趋势，尽管相关技术已取得一定进步，但存在较大的提升空间。为实现变压器关键参数的监测与调控，以及故障的识别及诊断，国内外众多组织和机构对变压器数字孪生技术所涉及的可视化建模、抽象建模、数据传输等方面进行了研究，但在孪生模型优化及推演、研发设计改进等方面仍存在较大不足。

数字孪生技术在变压器中的应用尚处于初级阶段，华北电力大学[54]、重庆大学[55]、沈阳工业大学[56]等高校的研究成果具有一定的参考价值，变压器数字孪生体的总体结构如图4-9所示。

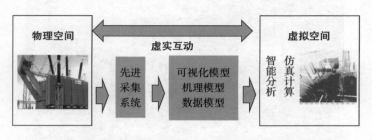

图 4-9　变压器数字孪生体的总体结构

　　变压器可视化建模是变压器数字孪生体的基础。基于激光测量技术，通过激光扫描真实场景中的变压器，得到变压器设备部件和部件之间的距离列表；基于可视化技术，将每帧的激光扫描数据拼接在一起，得到三维扫描数字化的点云数据；基于数据处理技术，通过三维数据处理平台，例如Python-Open 3D库，对点云数据进行读取、滤波、特征提取和曲面重建等操作，将点云数据可视化，得到变压器在虚拟空间的可视化模型，实现变压器虚拟体与物理体之间的映射。变压器精细可视化建模如图4-10所示。

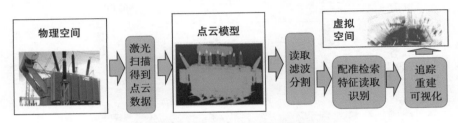

图 4-10　变压器精细可视化建模

　　在变压器抽象特性建模方面，采用的数字孪生模型包括变压器的机理模型和数据驱动模型。变压器机理模型是基于法拉第电磁感应定律、能量守恒方程等物理学定律表征物理空间中的运行规律建立的。通过运用仿真技术，结合数值计算及问题求解方法，利用本征正交模态分解、Arnoldi等算法，将由长达数小时甚至数日才能完成暂态或稳态计算的多物理场模型降阶为经过理论和实验验证的秒级简单模型，对变压器的运行状态进行快速模拟计算，实现对物理空间的动态预测。利用聚类法、回归法等数据处理技术，对变压器的实测和仿真状态数据质量进行改进；并借助数据仓库等技术，使变压器状态数据在逻辑上或物理上有机地集中起来；通过数据拟合、大数据训练及预测等手段，建立输入电压与输出电压的传递函数模型，建立变压器数据驱动模型。

在数据传输方面，利用光纤传感、声纹监控等传感装置实现变压器多参量全面感知，通过网关或直连的方式将感知数据传输到虚拟体模型，并利用同步技术确保信息传输的实时性与准确性；通过数字线程技术屏蔽不同类型的数据，使数据与模型之间快速流动、交互及集成，从而实时展示变压器的运行状态。

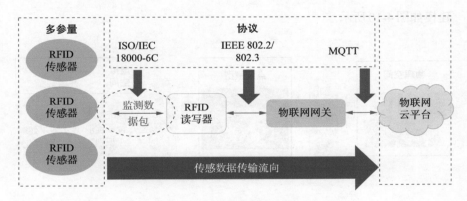

图 4-11 变压器数据传输示意过程

目前，变压器数字孪生技术在数字孪生建模方面有较深入的研究，但在虚实实时互动研究方面较为薄弱。因此，可以预测，基于大数据分析与人机交互技术的变压器虚实共生将成为未来变压器数字孪生技术的主要发展趋势。

4.3.3 断路器

目前，断路器故障超前识别与精准动作控制是电网安全保护领域数字化控制与智能运维的重要发展方向。为实现断路器状态感知及控制、快速分合闸刀，国内外众多组织和机构对断路器数字孪生技术所涉及的仿真计算与智能化控制等进行了深入研究，但在断路器海量多源异构数据采集和孪生建模等方面还存在较大的进步空间。

数字孪生技术在断路器中的应用尚不深入，当前大部分成果仅仅为断路器数字孪生技术应用提供参考。例如，平高集团基于新型滤波算法研发了高压断路器机械特性在线监测系统[57]；重庆大学提出了混合式高压直流断路器内部组件状态仿真及监测方法[53]。

在断路器仿真计算方面，其模型如图4-12所示。在高温、高电压、强电磁干扰、超强机械冲击等极端工况下，利用灭弧室开断仿真技术，在电磁场、流体场、温度场及结构场中构建断路器精细物理模型并进行仿真计算，获取开闭闸刀过程中实时电弧电压、气体压强、温度等实时数据。然而，这类基于偏微分方程组的精细物理模型计算量庞大，通常需要数小时甚至数日才能完成实际工况中几分钟、几秒钟的暂态或稳态计算，无法满足数字孪生交互性、实时性的要求。因此，可采用Pade、Arnoldi等智能算法对精细物理模型进行降阶，形成简易模型，或利用经过精细物理模型验证过的电路、热路等模型或经验公式，快速获取断路器在极端工况下的状态及危险位置，从而实现"以虚控实"。

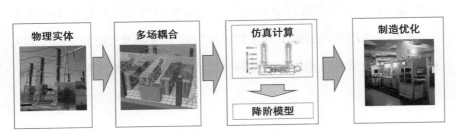

图 4-12　断路器仿真模型

断路器智能化控制如图4-13所示。通过在断路器上加装传感器、智能组件等方式，可以获取断路器的数据信息；采用数字滤波、趋势分析、指纹分析等技术，开发信息交互、专家系统等智能化模型，使断路器测量数字化、控制网络化、状态可视化、功能一体化。随着智能传感、电力电子等技术的不断发展，"一键顺控"智能控制技术得到应用，将人工倒闸操作模式转变为软件自动顺序执行，可以大大地提高断路器的操作效率和安全性。

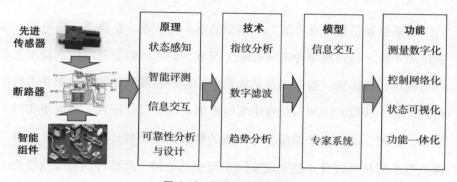

图 4-13　断路器智能化控制

随着先进传感技术、人工智能技术的快速发展，除了加强在多物理场仿真和智能化控制等方面的研究，同样需要重点关注断路器数字孪生技术在状态预测、故障快速识别等方面的应用。应用先进传感技术并结合智能算法，可以实现对断路器状态全面实时感知，并预测未来的状态。利用先进的神经网络、数据特征提取等关键技术来研判故障类别并快速生成处置策略，将是未来断路器数字孪生技术的发展趋势。

4.4　储能设备

4.4.1　抽水蓄能用电动发电机

当前，抽水蓄能机组数字化智能运维和优化设计是储能领域的重要发展方向，相关技术均存在较大的发展空间。为了实现抽水蓄能用电动发电机状态精确感知与风险前馈感知，众多组织和机构对其数字孪生建模、智能检修等方面进行了研究，但在多源异构信息融合与深度挖掘、辅助决策优化等方面仍需进一步加强。

相对而言，国家电网公司[58, 59]、武汉大学[60]等开展的研究具有一定的代表性。国家电网公司提出了抽水蓄能数字化智能电站，武汉大学基于虚拟现实构建了抽水蓄能机组数字化模型。

在数字孪生建模方面，目前较为成熟的是可视化模型和数据驱动模型。以设备零部件实际空间拓扑关系为基础重构设备模型，利用信息化手段，将多源信息组织在一起，完成纹理映射及烘焙处理，从而构建出抽水蓄能用电动发电机可视化模型，如图4-14所示。精确模型物理属性与信息属性融合处理，可以保留设备材质、纹理等基本物理属性，实现物理模型属性特征与设备属性一体化融合。基于卷积神经网络等智能算法，可以构建用于实时仿真的数据驱动模型，并根据并行数字孪生体的运行偏差，实时校正更新数字孪生体的模型结构和各种参数。此外，可以根据抽水蓄能电动发电机的具体需求进行模型提炼，同时，基于海量数据映射关系，利用大数据分析技术的自适应性，进一步优化电动发电机的性能。

图 4-14　抽水蓄能用电动发电机可视化模型

　　在智能检修方面，通过收集、整理和研究相关检修案例，并结合抽水蓄能电站检修流程，建立了检修资源配置预测模型，从而实现电动发电机检修全流程管控。同时，依托电动发电机数字孪生模型，开展风险推演、检修措施方案推演及作业方案推演与评估工作，实现了检修作业方案的智能优选。此外，还设计了典型检修作业项目，动态展示检修场景，实现电动发电机大修标准化作业。抽水蓄能用电动发电机智能检修如图 4-15 所示。

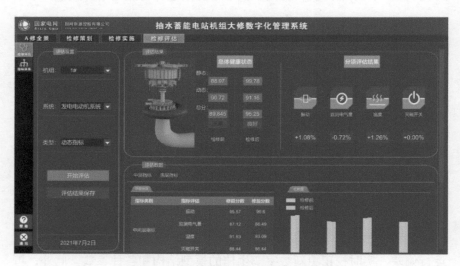

图 4-15　抽水蓄能用电动发电机智能检修

　　如今，在数字孪生建模和智能检修等方面都有较深入的研究，但抽水蓄能用电动发电机数字孪生技术在设备全面数据获取、辅助决策优化等方面还较为薄弱。未来，需重点关注先进传感技术的研发，以实现设备全生命周期数据采集传递。同时，深入研究智能模式识别、机器学习等关键技术，进一步优化电动发电机辅助决策，最终形成一个完整的数据闭环赋能体系。

4.4.2　化学储能单元

化学储能单元具有快速功率响应、密集能量存储、灵活方便部署等优势，是目前发展最快、应用最广的储能技术之一。化学储能单元的功率与状态预测、安保策略优化在新能源储能领域的数字化控制与保护方面是重要的发展趋势，但相关分析方法和技术仍有待完善。为了实现化学储能单元的状态感知，多个组织和机构对化学储能单元数字孪生建模和状态检测等方面进行了深入研究，但目前在数字孪生模型进化推演、设备性能优化等方面仍面临较大挑战。

相对而言，华北电力大学与清华大学开展的研究颇具有代表性，华北电力大学基于云模型提出了电化学储能工况适应性评估方法[61]；清华大学基于动态可重构电池网络构建数字储能系统开发了一种新型的数字储能装置[62]。

在化学储能单元数字孪生建模方面，数字孪生建模主要采用可视化模型与机理模型相结合的方式，化学储能单元数字孪生模型构建如图 4-16 所示。利用由大量电池单体（模组）与高频电力电子开关通过串并联方式构成的动态可重构电池网络，采用三维激光扫描、三坐标测量等技术，可以对各储能单元与高频电力电子开关的相对位置和几何尺寸进行精准测量，在虚拟空间中将数据以图像或图片的形式展示出来，从而生成可视化模型。另外，利用高频电力电子开关阵列组成的可重构电池网络，结合材料分析技术以及改进神经网络、长短时记忆网络、能量管控等智能算法，将储能单元在物理域的映射关系转化为数字域映射，能够在虚拟空间中模拟环境对储能单元的扰动，并构建数据驱动模型，从而实现化学储能单元在虚拟空间中无限逼近物理实体。

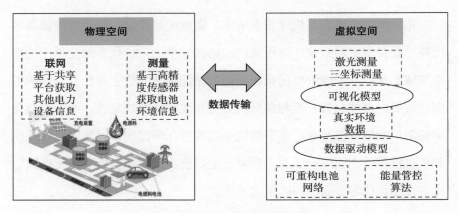

图 4-16　化学储能单元孪生模型构建

在化学储能单元状态检测方面，以可视化模型和数字驱动模型为基础，结合数字储能系统的运行优化与控制技术，采用动态重构拓扑管理的能量交换机电池管理方案，进行数字储能系统放电过程均衡测试、多站点功率联动测试和有功/无功调节测试。通过测试反馈储能单元状态，判断是否出现异常。例如检测电芯的开路电压，即用并联在模组两端的电压传感器实时测量模组的开路电压，判断其是否处于安全范围内，进而根据开路电压对故障情况进行诊断，根据检测结果控制对应的电力电子开关，切除故障储能单元，保证持续供电。化学储能单元状态检测过程如图4-17所示。

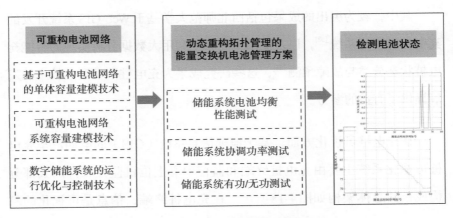

图 4-17 化学储能单元状态检测过程

当前，虽然数字孪生技术在数字孪生建模和状态检测等方面已有较深入的研究，但在化学储能单元的数字孪生模型迭代进化和性能优化设计方面仍显得较为薄弱。因此，可以预见，开发人工智能算法以实现数字孪生模型的更新迭代与优化，同时依托材料分析、高精度仿真计算等关键技术来提升化学储能单元的安全性、耐用性和经济性等性能，将成为该领域数字孪生技术的主要发展趋向。

4.5 负荷设备：充电桩

随着电动汽车的日益普及，充电桩需求呈现爆发式增长。状态预测与性能优化成为充电桩发展的重要方向，而相关技术仍有广阔的提升空间。为实现充电桩的可视化与故障预测，众多组织和机构已对充电桩数字孪生技术中的可视化建模、故障预测等方面展开了研究，然而在抽象特性建模、研发设计改进等方面仍存有明显的不足。

其中，较为突出的成果包括西北师范大学基于Web GIS系统开发的充电桩可视化系统[63]，以及沈阳工业大学利用大数据分析实现的智能充电桩状态分类与故障预测[64]，这些研究成果为充电桩数字孪生技术的发展提供了有益的参考。

在充电桩可视化方面，基于地理信息系统（GIS）的电动汽车充电桩可视化系统主要由充电桩终端和监控中心上位机监控软件两大部分构成，其总体架构如图4-18所示。在充电桩终端，信息是可视化的基石，系统数据源自地理信息数据与充电桩状态数据两部分，前者由地图API提供，后者则由现场监测终端实时提供。在上位机监控软件端，通信服务器接收现场充电桩监测终端无线传输的实时数据包，并经过解析处理，依次完成数据信息的管理、分析、处理、存储及可视化显示等工作，从而实现人机交互。

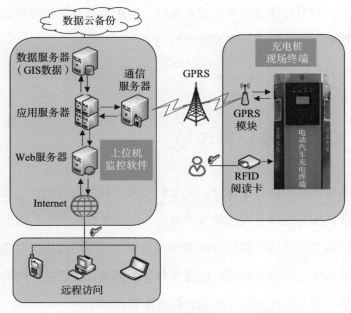

图4-18　充电桩数字孪生可视化平台总体架构

在可视化平台层面，如图4-19所示，通过多源数据的综合分析，可以实现对充电桩在建、运行、维护等全流程环节的跟踪管理，满足用户对充电资产全生命周期的全面、精准、及时、动态的管理需求。平台以多维度呈现充电桩的可视化场景，对每个充电桩的运行状态进行实时监测，同时加强运维设备、控制系统与信息系统的互联互通，提升设备的全状态感知力与控制力，进而增强安全生产保障能力。

图 4-19　充电桩可视化平台的展示图

在充电桩故障预测方面，系统基于历史数据和故障信息提取并分析状态评价特征，获取其置信度；对充电桩的运行状态进行实时评估，并运用模糊聚类算法、动态劣化度等方法对充电桩的健康状态进行分类；建立基于SVR回归等算法的特征指标预测模型，并引入正态云模型，结合实时在线监测数据完成对充电桩的故障预测。

相较于在可视化建模、故障预测等方面较为深入的研究，充电桩数字孪生技术在抽象特性建模、故障前馈处理等方面仍较薄弱。因此，可以预见，未来充电桩数字孪生技术的发展将侧重于基于物理学定律分析来构建机理模型，通过改进神经网络等智能算法建立数据驱动模型，并依托精准仿真计算、人机交互等技术实现故障的前馈处理。

第 **5** 章

电力设备数字孪生
典型应用

数字孪生技术正广泛应用于电力设备的生产、采购、运行维护（简称运维）等多个领域，它为设备的设计制造、供应链管理、运维以及状态评估等全流程环节提供了强大的支持，并有望进一步推动设备的高阶管理，深入挖掘数据价值，全面服务于电力设备的各方面。

本章将详细阐述数字孪生技术在电力设备全环节及其相关领域的具体应用案例。我们将探讨实现设备技术升级和管理提升所需的技术路线和技术要点，同时展示和分析数字孪生技术的作用方式及其所带来的巨大价值。

本章内容分为四小节，分别聚焦于数字孪生在电力设备设计制造、供应链管理、状态评估以及运维方面的实际应用案例。这些案例旨在为电力设备数字孪生领域的设备厂家、物资管理人员、状态评价专家以及电网运维人员提供宝贵的参考。

在案例介绍中，首先介绍了数字孪生在不同应用场景下的具体目标，包括：（1）在设计和制造过程中，对整条生产线进行设计优化反馈、实时显示监控与调整；（2）实现电力设备供应链管理的全过程跟踪与评估；（3）在运行、维护和状态评估阶段，实现实时传感接入、多物理模型计算以及关键内部物理量的反演。同时，详细展示了案例中数字孪生系统的构建内容，包括系统的整体架构与多层结构；最后，介绍了引入数字孪生技术后，电力设备在数字化方面所取得的显著成效。

5.1 电力设备设计和制造案例

案例：淮南矿业集团潘集电厂一期2×660MW超超临界燃煤机组工程智慧电厂建设

1. 案例概述

本案例聚焦于淮南矿业集团潘集电厂一期2×660MW超超临界燃煤机组工程项目中的智慧电厂建设。该项目涵盖了电厂发电与辅助设备的数字化交付（AVEVA AIM）与设备预测性维护（PRiSM）两大部分。本案例将重点介绍其中的数字化交付部分，即设计和制造的数字化应用。

数字化交付AVEVA AIM项目围绕潘集电厂的数字化交付和设备预测性维护进行了深入研究，完成全厂三维信息模型构建，并整合了工艺系统设计、电气设计、仪控设计、机械布置设计、结构设计以及总图设计等系统的数据和模型。这一成果使电厂能够实现全厂三维模型的漫游和检视，为电厂的数字化管理提供了有力支持。

2. 应用场景

施耐德电气的数字化交付解决方案AVEVA AIM充分满足了潘集电厂对于发电与辅助设备数字化移交、工程信息集成及内容管理的需求，并为未来智慧电厂的建立奠定了坚实基础。数字化交付的架构图如图5-1所示。

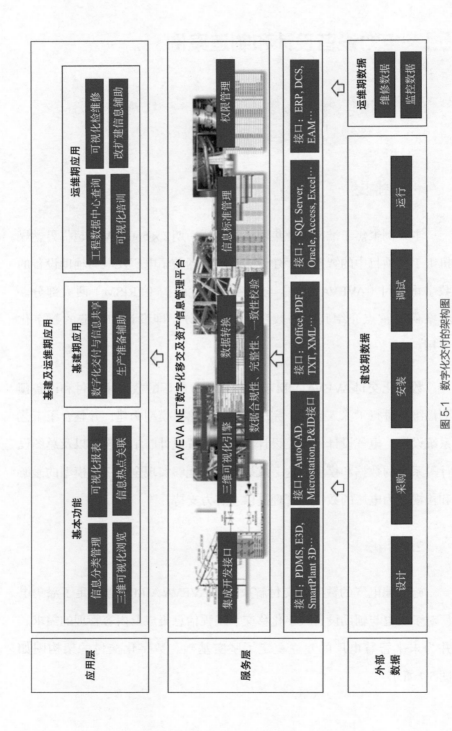

图 5-1 数字化交付的架构图

通过数字化交付，实现了本项目各类数据资料的分类、收集与整理，并在运维阶段与生产运行管理系统实现了数据集成，为电厂发电与辅助设备的生产运行管理提供了全方位支持，最终构建了一个面向全生命周期的资产设备信息门户。

数字交付平台以位号、三维数字化模型及P&ID图为索引。该平台能够整合电厂全生命周期内的静态与动态数据，涵盖设计阶段的二维/三维图纸文档、建造阶段的施工文件与设备文档，以及运维阶段来自ERP、实时数据库、EAM等系统的各类信息。

与电厂设计建设紧密相关的数字化交付平台，主要功能包括数据集成、信息管理、数据质量校验、标准类库及类库集成、信息上载与整合、数据管理、位号管理、自动建立文档与位号关联清单、权限管理、信息浏览、项目信息分解结构、三维模型管理、图纸管理、智能P&ID管理、文档管理、信息搜索、信息导出与打印以及报表管理等。以下将重点介绍与数字孪生技术紧密相关的几个功能。

（1）数据集成

数字化交付平台具备强大的数据集成能力，能够整合当前电厂的所有数据类型，如图5-2所示。这包括发电与辅助设备的三维模型、智能P&ID图纸、智能仪表设计软件文件、普通文档、普通图纸、视频、图片等多种格式。所有数据在导入AVEVA AIM系统后，均可通过位号作为核心进行关联。

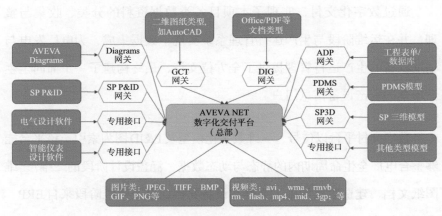

图 5-2　数据集成

（2）信息管理

数字化交付平台采用先进的流文件技术，实现了异地分布式流畅浏览三维模型及二维图纸的功能。用户无须离开桌面，即可通过互联网对三维模型进行旋转、缩放、剖切、隔离、测量、标注及协同操作，同时支持可视化设计评审等高级功能，如图5-3所示。

图 5-3　信息管理

（3）数据质量校验

施耐德电气提供了一套完善的数据质量校验方案，该方案基于国际资本设施信息移交规范（Capital Facilities Information HandOver Specification，CFIHOS）标准库进行建立与维护。它能够执行依据标准的质量检查，并输出检查结果，同时生成不一致性检查报表和完整性检查报表，如图5-4所示。

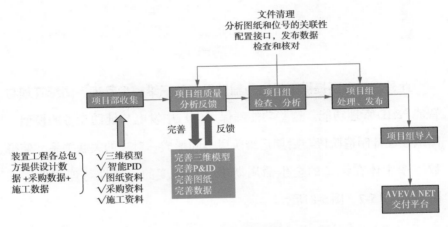

图 5-4　数据质量校验

（4）位号管理

数字化交付平台能够全面管理发电与辅助设备、部件及仪表的位号信息，以及位号与相关图纸、工单、电子图档等信息的关联关系。它构建了一个以位号为中心的信息网，如图5-5所示。用户可以通过三维模型、二维图纸中的热点或搜索功能，轻松查看位号的相关详细信息。对于任何一个位号，用户都可以在一个界面中查看与其相关的所有信息，包括属性、P&ID、三维模型、布置图及数据表等。

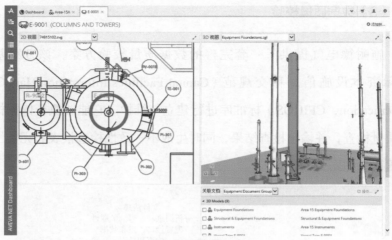

图 5-5　位号管理

此外，平台还提供了发电与辅助设备的三维模型管理、图纸管理与智能P&ID管理功能。这些功能确保了电厂中发电与辅助设备的模型、图纸在设计制造阶段与后期运维阶段之间形成一对一的关联关系，使得数字孪生体在设备的全生命周期中保持高度的一致性与连贯性，如图5-6、图5-7、图5-8所示。

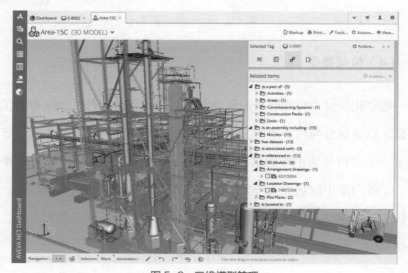

图 5-6　三维模型管理

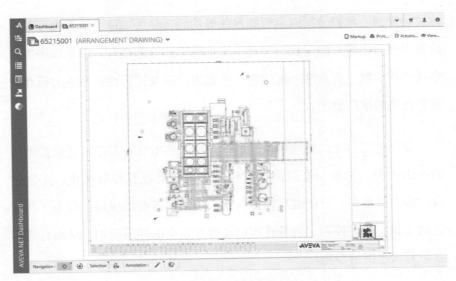

图 5-7　图纸管理

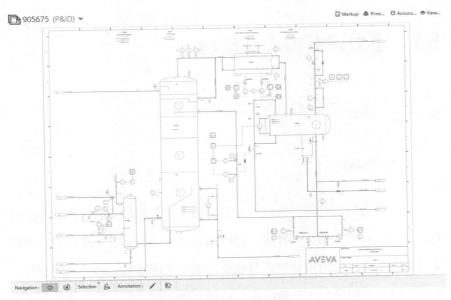

图 5-8　智能 P&ID 管理

　　施耐德电气在潘集电厂已成功部署了数字化移交平台和发电与辅助
设备的预测性维护系统。通过设备资产的数字化移交、关联管理、严格的质量控制、预警分析以及智能诊断等功能，显著加速了潘集电厂及其设备向智慧化转型的步伐，实现了成本降低和效率提升。该系统展现出卓越的移动性、安全性、可用性、可实施性以及扩容性，在电力行业内具有极高的推广价值。

数字化交付与设备预测性维护仅是施耐德电气智慧电厂建设蓝图中的冰山一角。未来，施耐德电气将进一步拓展过程控制优化、工艺仿真、操作员培训、三维电厂模拟以及人员定位等前沿应用，致力于构建智慧工程、智慧控制、智慧管理以及智慧安全的四层架构，从而打造出真正意义上的智慧电厂。

5.2 电力设备供应链管理

案例：国家电网电工装备智慧物联平台

1. 案例概述

电工装备智慧物联平台以电工装备制造业数据的全网互联共享为核心，巧妙融合大数据、云计算、物联网以及人工智能等先进技术，实现了对电工装备供应商物联数据与业务数据的智能感知、高效协同交互、全面共享汇聚以及深入分析应用。特别值得一提的是，基于数字孪生的可靠性测试在电气设备全生命周期的各个环节均发挥着重要的作用，涉及众多利益相关方，该系统架构如图5-9所示。

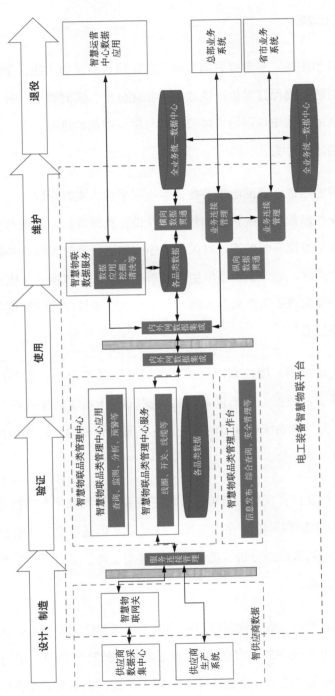

图 5-9 系统框架示意图

2. 应用场景

（1）订单跟踪：平台以采购订单及所属项目信息为主线，全程跟踪产品制造过程，确保订单生产轨迹的可视化分析、实时查询。针对制造过程中出现的任何质量问题，国家电网与供应商能够迅速发现、及时解决，并追溯问题源头。

（2）智能监造：借助电工装备智慧物联平台，实时获取生产线状态数据、工业控制数据、视频监测数据以及设备检测数据，实现对生产及检验流程的全方位实时监控。对关键工序问题进行及时提醒，并提出生产工序优化建议。通过主动抓取生产订单各道工序的数据，生成直观的分析图表，全面展示生产实况。同时，平台支持多订单实时数据与历史数据的监控与追溯。

（3）质量评价：用户利用电工装备智慧物联平台，对生产过程数据、工序及工艺数据、生产设备产品数据以及 IT 系统数据进行全面采集与分析，并结合系统中预设的专业产品质量评价模型，对供应商工序及工艺进行客观评价。

（4）在线支持：现场人员可通过电工装备智慧物联平台向技术专家（包括用户和供应商）申请在线支持。技术专家则通过视频、音频等方式进行问题的远程诊断分析，提供远程指导与支持，并对质量、服务问题进行跟踪追溯。

（5）产能调配：物资管理部门利用电工装备智慧物联平台，实时获取供应商 ERP 系统中的库存信息与 MES 系统中的排产信息。通过大数据分析供应商生产能力，全面跟踪并分析多产品、多品类的设备生产饱和度、产品生产周期、合理供货周期、交货计划与到货进度等关键产能信息。

（6）供应商协同：电工装备智慧物联平台及时向供应商反馈交货时间预期、安装调试情况、设备运行状况以及供应商评价等信息，有效提升项目交付履约的及时性。同时，实时跟踪设备故障及缺陷的发现、解决进度与处理结果，为供应商履约协同提供有力支撑。

（7）大数据分析：以采购订单及所属项目信息为基础，结合物资采购标准，开展多维度大数据分析。对内指导电网建设与运行，对外则引导电工装备制造行业进行技术改造与产能升级。

电工装备智慧物联平台，依托创新发展的供应链理论、技术与模式，在功能设计层面，对供应商的生产力、检测力及服务水平进行了全面且多维的对比分析，并建立了行业对标体系，显著推动了行业的整体进步。

技术层面，该平台采用了前沿的微服务架构设计，各微服务间协同工作，高效采集供应商的生产与试验数据，为实时在线监造、制造环节订单监控及质量评价等业务功能提供了坚实支撑。

配套的电工装备智慧物联网关，在边缘计算领域展现出色性能。它不仅提供了模型驱动的数据校验、保真及处理功能，还创新性地开发了可配置线性算法模型的动态数据抓取机制，借助智能算法实现了节能高效与资源利用的最大化。

相较于同类解决方案，电工装备智慧物联平台覆盖了国家电网的全品类供应商，体系更为完整，架构更为先进，且更贴近业务需求，因此具备显著的竞争优势。

此平台项目紧密连接了供给侧与需求侧，彰显了需求驱动、创新引领与互利共享的理念。整体方案设计科学全面，兼容性与开放性齐备，可广泛应用于多种类型的制造企业，包括流程制造与离散制造，且在多个行业与领域内具有推广价值。

通过电工装备智慧物联平台，用户可深入了解供应商的产能、服务能力及经营状况，为系统内金融单位挖掘潜在客户与进行风险评估提供有力支持，同时为供应商提供产融结合的增值服务，如供应链金融服务。

5.3　电力设备运维

5.3.1　案例一：和盈大厦配电室数字孪生平台

本案例是北京龙德缘智能电力有限公司为和盈大厦配电室构建的数字孪生技术平台。

1. 案例概述

龙德缘电力配电室数字孪生系统，融合物联网（IoT）与大数据（Big Data）技术，对配网开关柜等配电设施及其运行环境进行实时数据采集与分析。结合虚拟现实（VR）与增强现实（AR）技术，通过1∶1三维可视化建模，将配网开关柜的数字孪生体与电网层电力监控系统的实时数据相连接，构建了以设备为中心、电网为纽带的"电力数字孪生体"。此系统通过虚拟与真实场景的映射，实现了设备信息管理的集中化、监控内容的可视化、信息获取的及时化，以及管理效率的大幅提升。

2. 应用场景

（1）报警中心

系统根据实时获取的告警数据和工单数据，在三维孪生场景中实时展示告警情况，并对不同预警/报警对象进行醒目提示，同时辅以二维信息面板展示整体统计信息。

（2）虚实映射

虚实映射模块精确还原了三维实景与设备动态组件，通过接入后台生产数据，实现了设备位置、角度、动作以及配电设施类别、位置、外形等信息的实时同态孪生展示。以配电开关柜为例，其外部的展示效果如图 5-10 所示。其外部展示使运维人员能够直观查看设备运行数据与系统状态信息，而内部展示则有助于运维人员了解设备内部结构，从而更准确地定位设备问题，如图 5-11 所示。

图 5-10　配电开关柜外部展示

图 5-11　配电开关柜内部展示

（3）设备监控

用户可通过数字孪生系统直观地查看设备的名称、当前基本运行参数（包括电流、电压等）、设备运行状态以及设备故障预测（故障状态）等信息。只需点击设备，即可进一步查看设备运行数据和三维设备内部结构图。

（4）视频监控

在三维场景中，实际摄像头的点位被同步还原。用户可以结合三维场景中的摄像头点位总览，通过选择监控点位来查看监控画面。同时，用户也可以通过选择特定摄像头，直接调取并查看当前摄像头画面的内容。

（5）环境监测

环境是确保生产正常进行的关键。数字孪生系统能够实时同步展示环境数据，包括温度监测和湿度监测。在三维场景中，现场的环境监测传感器点位被准确还原，系统根据实时获取的环境监测数据，在三维孪生场景中动态显示温度、湿度的监测数值，并对超出环境监测标准的点位进行预警提示。此外，数字孪生系统还提供配电室设备总览信息及任务管理详情，包括按等级统计的工单数据和告警数据。用户可以通过工单详情（或告警详情）了解配电室的当前任务情况。同时，借助环境设备分布图，用户可以轻松查看配电室中环境设备的具体位置，并结合三维场景中的监控设备进行实时监控。配电室环境监测界面如图5-12所示。

图 5-12　配电室环境监测界面

3. 案例总结

本案例在电力设备运维方面取得了以下显著成效：

（1）远程立体的交互式运维：通过数字孪生技术，成功弥补了线上与线下的鸿沟，打造了一个可触摸的立体交互式运维环境。这一创新为配网开关柜的运维人员提供了突破传统运维方式束缚的可能，实现了可交互、可穿透式的运维体验。

（2）全面系统的业务培训：数字孪生系统不仅提升了运维效率，还为配网开关柜等配电设备的运维提供了全周期、全数据、全空间和全要素的业务培训支持。这对于新员工而言，无疑是一个快速沉淀企业知识、掌握基本业务技能的宝贵平台。

（3）生动的公司品牌宣传：成功突破了传统宣传方式的限制，实现了三维立体文化的传播与展示。这不仅为营销部门提供了充分展示电力服务公司实力的新途径，也进一步提升了公司的品牌形象和影响力。

5.3.2　案例二：输电线路及设备空天技术数字化服务平台

1. 案例概述

为达到"碳达峰、碳中和"目标，加速构建新型电力系统，对超、特高压输电线路的建设与运维提出了更高标准，要求实现全过程、全方位、可视化及智能化的精细管理。然而，当前输电通道中的线路及杆塔等设备实景建模面临诸多挑战，包括大场景三维数据渲染效果不佳、内外数据精度差异大且融合不充分、电力线矢量化模型精确度低，以及缺乏高效的灾害动态预警模型等。

国网空间技术公司充分利用其卫星、直升机、无人机、地面观测站及在线监测设备等多元化、立体化的监测手段，汇聚周期性多源空天地数据资源，创新研发了空间双引擎技术、输电通道全自动实景建模技术、多尺度异构数据平滑处理技术以及强天气监测预报技术等。通过融合最新的全国地图数据与电网运行参数，公司成功构建了电网空天技术数字化服务平台。该平台集输电线路与杆塔管理、缺陷管理、预测预警、调度管理、航巡服务以及基础数据管理六大功能模块于一体，涵盖了57个特色功能点。平台实现了国网范围内17万千米超高压、特高压输电线路及杆塔运行场景的三维重建与运行状态孪生联动，显著提升了电网规划设计、基建施工、运维检修、调度运行及应急救援等全业务链的三维可视化水平。此举不仅满足了电网对立体感知、三维再现及精益管控的需求，更为新型电力系统的构建提供了有力支撑，积极服务于我国"碳达峰、碳中和"的伟大目标。

2. 应用场景

1）服务输电线路规划设计

该平台能够高效辅助输电线路的规划设计工作。通过调整杆塔塔位、生成三维模型及挂线，平台能够快速统计路径范围内的房屋分布、林区分布及交叉跨越等信息，并输出塔位地形图、线路平断面图、塔基断面图等关键设计资料。这些功能不仅提高了航拍选线及线路设计的精度，还有效降低了设计成本。电网规划设计图如图5-13所示。

杆塔模型关联　　　　　　　　　　植被统计分析

图 5-13　电网规划设计图

2）服务输电线路电网基建施工

基于三维场景，辅助编制临时道路、牵张场、索道修建方案及施工运输方案，实现施工现场进度三维实时监控，展示风险、违章等信息及监测斜坡防护、排洪排导等环水保情况，辅助基建过程动态监控、安全监察，提供档距、杆塔倾斜等基建参数评价。电网基建施工如图5-14所示。

施工道路规划   施工进度实时展示

图 5-14 电网基建施工

3）服务输电线路运维检修

（1）输电线路及设备三维精益化管理

可提供真实复现的电网精细化三维场景，实现输电线路、杆塔、交跨（三跨）、密集通道等输电信息的查询、统计、三维定位，打造数字化输电通道。电网三维精益化管理如图5-15所示。

精益化建模   线路信息展示

图 5-15 电网三维精益化管理

（2）输电线路所经变电站（换流站）智能运维

基于变电站（换流站）精益化建模成果，为变电站运维人员和管理者提供智能巡检、视频监控、数据集成、故障预警等服务，实现变电站运维人员、设备状态、环境状态的集中管控，支撑变电站（换流站）智能化运维管理。变电站智能运维如图5-16所示。

图 5-16　变电站智能运维

4）服务电网调度运行

将输电线路设备和途经变电站的设备层数字孪生体与电网层的数字孪生体相融合，利用行波测距反馈的故障信息，迅速锁定故障点，并在三维场景中精确展示。同时，接入输电线路设备与途经变电站的在线监测视频，从多个维度全面展现故障点及其周边环境状态，为电网调度、故障判断及运行方式调整提供有力的决策支持。电网调度运行如图5-17所示。

图 5-17　电网调度运行

5）服务输电线路及设备的状态预警

（1）综合工况分析

支持大规模实况模拟工况分析，实现输电线路隐患预警，并可将隐患信息发送到班组App，辅助开展隐患的防范及排查工作。电网预测预警如图5-18所示。

图 5-18　电网预测预警

（2）气象灾害预警

针对雷电、大风、暴雨、高温、低温等极端天气，进行输电网灾害风险预警分析，按照时段精准预测并全景展示可能发生雷击、山火、舞动、覆冰、塔基淹没、滑坡、沉降的线路区段，为运维单位制定应急预案提供坚实的数据支撑。气象灾害预警如图5-19所示。

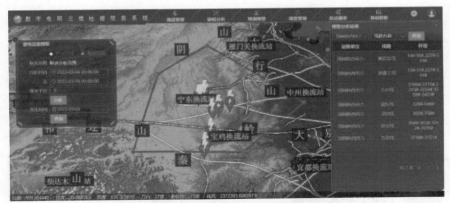

图 5-19　气象灾害预警（雷电监测）

6）服务无人机作业

（1）自主巡检规划

遵照无人机巡检规范，采用事先设计的方式规划作业航线点和拍照点，辅助开展杆塔可见光、红外等科目巡检作业，提升杆塔精细化巡检效率和自动化程度。无人机作业如图 5-20 所示。

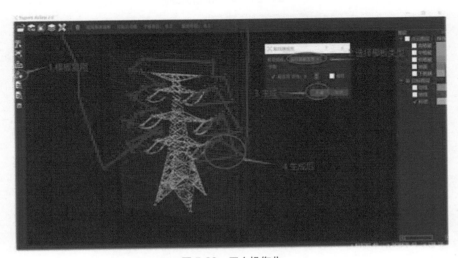

图 5-20　无人机作业

（2）无人机飞行监控

实现巡检无人机图像、视频、位置等信息实时回传，并在三维场景中动态展示，帮助管理人员掌握无人机飞行情况。无人机飞行监控如图 5-21 所示。

图 5-21　无人机飞行监控

3. 案例总结

1）应用成效

在国网范围内实现了 17 万千米超高压、特高压输电线路的运行场景三维重建及运行状态孪生联动，为电网的精益运维、精准调度、航巡服务、防灾减灾等提供了有力支撑。该方案已在国网华北分部及甘肃等多家省电力公司成功应用，并推广至西煤东运第二大通道朔黄铁路的数字孪生工程、河南智慧公路工程建设中。

2）创新点

（1）提出了 UE 和 Cesium 融合的空间双引擎技术，提升精细化场景加载效率，实现微观大场景和精细可视化场景协同联动、平滑切换。

（2）提出融合电网运行参数和环境信息的输电通道全自动实景建模技术，建立杆塔模型库，利用人工智能算法匹配，实现杆塔、电力线和绝缘子串的高效一体化重建，提高了输电线路三维重建还原的精度和效率。

（3）提出了基于特征向量最优权值的多尺度异构数据平滑算法，解决了不同精度数据融合的台阶状地形扭曲问题，提高了涉及地表走势的灾情预测精度。

（4）提出了涉及导线蠕变的输电线路风险预警仿真分析模型，拟合精度达厘米级，提高了大风、覆冰等极端工况下输电通道隐患预警准确度。

（5）提出了针对雷暴、冰雹、大风和强降水等强对流天气的监测预报技术，与线路三维地理信息相融合，提高了线路气象预测的准确度，实现强对流天气短时临近预报及可视化展示。

3）推广价值

（1）实现与物理电网的动态交互、深度耦合，推动电网产业数智化发展，保障大电网安全可靠运行。

（2）辅助水利、光伏、核能、风力等智能监测，为可再生能源铺路。

（3）带动智慧城市、智慧铁路等新兴行业发展，推进三维重构与现实深度融合。

5.3.3 案例三：县域海量"源网荷储"分布式资源数字孪生体构建聚合与协同应用

1. 案例概述

本案例依托的项目在河南兰考县开展试点建设，创新性地研发并实践了面向县域新能源高比例消纳场景的海量"源网荷储"分布式资源数字孪生体构建、聚合与协同互动的应用方案。此方案实现了新能源县域电网中设备与其数字孪生体，以及电网整体与其数字孪生体之间的全面互联互通，并拥有完全的自主知识产权。

兰考县作为国家级的"农村能源革命试点"和"新型电力系统县级示范区"，随着分布式资源的大规模持续接入，其能源互联网系统的运行挑战日益复杂。具体表现为：首先，新能源发电、配电、储能设备等分布式资源数量激增，使电网难以直接进行高效管理和调控，急需技术手段来缩减控制对象的规模；其次，清洁能源的弃电比例不断上升，迫切需要通过"源网荷储"的协同互动，以促进清洁能源的全额消纳；最后，新能源电力和电量在总体中的占比持续走高，全清洁能源供电时段的比例也在不断攀升，这要求增强"源网荷储"的协调互动可控能力，以减轻对主网潮流备用的依赖。

本项目通过"源网荷储"的数字化透明监测和海量设备的孪生化动态管理，开展了县域电网消纳态势的综合分析以及多场景、多业务的推演决策协同应用。此举有效解决了县域海量分布式资源在地理分布广泛、运行差异显著、时空匹配不佳的新背景下所面临的信息组合爆炸、模型维度呈指数级增长以及协调调用响应缓慢等问题。项目实现了县域电网层与设备层的分层级数字化重构，降低了分布式资源的调度复杂度和控制对象的数量级，能够进行多目标、多时态、多场景的高保真、准实时运行推演，从而显著提升了新能源的消纳能力，并推动了县域能源互联网的数字化转型。

2. 应用场景

在分布式电源大规模接入县域电网的同时，由于电网广泛直接连接着工商用户、工业园区、充电站桩、负荷侧储能等多种形式的资源，县域电网已逐渐发展成为"源网荷储"多元素共存的县域能源互联网。本项目主要应用于县域能源互联网的"源网荷储"数字化透明监测和海量设备的孪生化动态管理，以开展县域电网消纳态势的综合分析以及多场景、多业务的推演决策。本案例所构建的兰考县能源互联网数字孪生系统平台界面如图5-22所示。

图 5-22　兰考县能源互联网数字孪生系统平台界面

1）"源网荷储"数字化透明监测

为满足"源网荷储"在可测性、可视性方面的数字化需求，建设了标准化的"源网荷储"公共信息模型。基于这一模型，成功实现了新能源/分布式能源（涵盖光伏、风电、生物质发电等）、多元化负荷（如电动汽车、工业空调等）以及各类型储能（包括电化学、机械、电磁储能等）的多源异构数据接入与融合管理。通过研发"源网荷储"多源异构数据融合治理和状态估计模块，实现了对海量"源网荷储"多元设备的全景透明监测，并提供了分层级、分主题、分应用的多维度透明监测功能。

2）海量设备孪生化动态管理

针对海量、多元化源荷资源的不确定性以及储能资源的强时序耦合性，为支持"源网荷储"之间高效、优化的协同互动，建立了面向海量"源网荷储"设备的孪生化管理体系，如图 5-23 所示。该体系涵盖孪生体构建、注册与认证、更新、聚合、等值封装等核心功能。

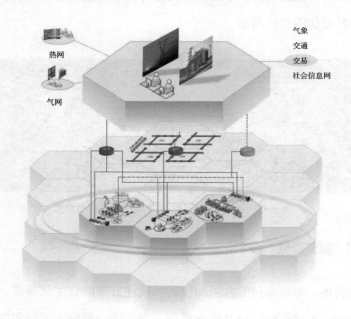

图 5-23　面向海量"源网荷储"设备的孪生化管理体系

（1）孪生体构建：研发了孪生体建模管理工具，并构建了涵盖新能源/分布式能源、县域配电网、多元化负荷及储能等设备的孪生体模型。这些模型包括物理机理模型、运行数据模型、协同互动模型等，为"源网荷储"的协同互动提供了有效支撑。同时，还构建了由典型"源网荷储"构成的协同互动场景孪生模型。

（2）孪生体注册、认证、运行：提出了孪生体注册、认证、运行的管理机制，并研发了相应的服务。在协同互动场景孪生模型中，可以实现"源网荷储"设备孪生体的注册。通过获得协同互动场景孪生模型的认证后，这些孪生体能够在模型中自主运行并参与协同互动。

（3）孪生体更新：制定了孪生体异动管理规范，并研发了异动管理服务模块。当"源网荷储"物理系统发生设备投退、故障、开关位置变化、运行模式改变等异动时，协同互动孪生场景能够实时捕捉这些信息，并实现协同互动场景孪生模型的同步更新，从而确保孪生场景与物理场景的实时映射。

（4）孪生体聚合：基于海量多元化"源网荷储"资源聚合互动的实际需求，研发了孪生体聚合模块。该模块能够在协同互动孪生场景中进行海量多元化"源网荷储"资源的动态聚合，包括基于所属主体的聚合、基于物理拓扑的聚合、基于时空特性的聚合以及基于互动能力的聚合等，真实还原了"源网荷储"物理系统中的聚合互动场景。

（5）孪生体互动等值封装：为满足"源网荷储"聚合体参与县域配电网全局高效优化的需求，研发了孪生体互动等值封装建模模块。通过基于海量历史数据推演的互动等值模型预训练，该模块能够在协同互动孪生场景中在线精准建立"源网荷储"聚合体的协同互动等值封装模型，从而实现县域配电网内多元化"源网荷储"资源的全局优化配置与高效利用。

3）消纳态势孪生化分析

针对高比例新能源消纳分析需求，研发出基于数字孪生的消纳态势分析模块，实现了孪生场景中的新能源发电功率预测和多元化负荷预测功能，同时研发了新能源承载力分析模块和线路主变重过载预警模块。这些模块可在预测结果基础上，开展县域配电网对新能源的承载力分析，以及县域配电网线路和主变等关键断面的重过载情况分析和预警。

4）多场景多业务推演决策

基于"源网荷储"孪生化管理体系的建立和新能源消纳态势孪生化分析结果，进一步研发了支撑多场景、多业务的孪生化推演决策工具，实现了源储微规划、台区智能自治、县域"源网荷储"协同互动等场景业务的孪生化推演，形成多目标、多时态的最优化规划和智能化运行策略，支撑台区自治、中压"源网荷储"协调优化、主变断面重过载控制、电压无功协调控制、县域电网调峰等多场景业务需求。

3. 案例总结

本项目实现了兰考县域电网的电网层与设备层的分层级数字化重构、数字化改造和孪生化运维管理，并在此基础上开展多场景、多时间尺度互动推演，显著提升了电网运行复杂场景与海量设备运维分析场景的应对能力。

1）应用成效

（1）实现兰考县域电网与设备层级的数字化重构、数字化改造和孪生化管理。目前构建风电、光伏电站孪生体 20 个、10 兆瓦储能电站孪生体 1 个、电动汽车充电站孪生体 16 个、低压分布式光伏孪生体 3686 个、虚拟电厂孪生聚合体 304 个，完成数字孪生体对电网物理实体运行工况的精准映射，实现实时发电机组出力、累计发电量以及单台发电机组运行情况的实时监测，支撑全县能源协调优化运行，通过孪生体注册机制实现县域电网孪生化管理。

（2）开展多场景、多时间尺度互动推演，提升电网运行复杂场景应对能力。依托数字孪生系统实现能源互联网包括电网经济运行、新能源消纳、削峰填谷等目标下的优化运行，在兰考电网新能源渗透率超过 275% 的情况下，通过控制各分布式资源出力特性与动作策略，准确预测新能源出力及不确定性，达到全局协调运行，提高了电网复杂运行场景的应对能力。通过调节储能和充电站，可以消除间歇性新能源电力上翻，年上翻小时数减少至 67 小时（优化前为 283 小时），可消除 95% 以上的尖峰负荷，平均峰谷差降至 29.1 兆瓦（优化前为 33.1 兆瓦）。

2）推广价值

本项目充分考虑了在新型电力系统建设推进过程中各县域电网"源网荷储"协同互动所面临的共性问题及差异化解决途径，依据项目成果制定了"试点验证—典型案例—省域应用—全国推广—海外拓展"的推广途径，具备可复制、可推广的应用潜力。项目成果适用于我国广大县域配电网、售电公司、分布式能源运营商、负荷聚合商、需求响应服务商、虚拟电厂运营商、分布式电力交易中心等主体，可为"网源荷储"协同优化调度以及大规模用户集群参与需求响应等方面提供有力支撑，其市场总额达到1000亿元以上，在我国新型电力系统建设和世界范围内新能源规模化发展的趋势下，具有广阔的市场前景。

5.3.4 案例四：南方电网变电站运维数字孪生解决方案

该案例展示了南方电网公司在新型电力系统背景下，为达成变电站"运行巡视远程化、检修试验精准化、分析决策智能化、风险管控透明化"目标所精心设计的变电站运维数字孪生解决方案。

1. 案例概述

南方电网公司充分采用数字化管理先进理念，在"云−管−边−端"架构的顶层设计下，深度融合变电专业现有信息系统和多源数据，打造了具备变电站驾驶舱、智能监测、智能处置、智能安全、智能分析等功能的云边协同变电站运维数字孪生解决方案。该方案以变电生产运行支持系统为核心，通过打通变电站的感知、分析、决策、业务等各环节，对变电站进行集中监控管理分析，支撑实现变电站"运行巡视远程化、设备操作智能化、分析决策精准化、风险管控透明化"。

变电站运维数字孪生整体解决方案如图5-24所示。

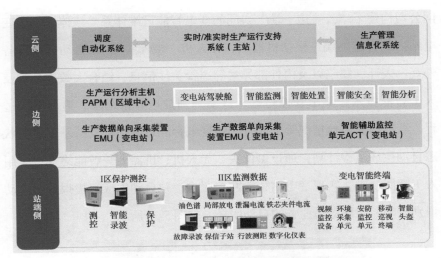

图 5-24 变电站运维数字孪生整体解决方案

2. 应用场景

1）多终端智能联合巡检

传统变电站在进行设备巡检时大多依赖人工操作，这种方式不仅效率低下，而且存在许多弊端。首先，人工巡检需要花费大量的时间和精力，运维人员需要逐个设备进行检查，记录相关数据，并进行分析和处理。其次，由于运维人员个体差异和经验不足等原因，巡检结果往往存在误差和遗漏，难以保证设备的正常运行和安全。最后，由于变电站设备的多样性和复杂性，巡检人员需要具备丰富的专业知识和技能，否则很难发现和解决问题。

数字孪生技术是物理空间与虚拟空间的精准映射，实现物理空间与虚拟空间数据的实时同步，可为设备多终端智能联合巡检提供重要的数据来源。基于数字孪生的思想与"云—管—边—端"协同架构，南方电网公司构建了"云—边—端"协同的变电智能运维体系。该体系利用变电站内的智能终端（包括机器人、无人机、摄像头等），自动识别设备外观、表计、缺陷以及内外部异常等巡检关注信息，结合大数据分析及人工智能技术，集中管控终端、自动判别推送异常结果、追溯巡检过程、获取历史巡检情况等。此外，该变电智能运维体系支持基于设备状态自动生成巡检计划，通过摄像头、无人机、机器人等智能终端，应用人工智能技术，实现变电站智能联合巡检，并自动生成巡检报告，自动识别缺陷，实现巡检业务的自动闭环，如图5-25所示。

图 5-25　变电站多终端智能联合巡检

2）程序化操作辅助确认

断路器和隔离开关的操作通常需要非同源双确认。这意味着需要使用两种不同的检测方法来确认断路器和隔离开关的操作位置，例如在传统变电站中，每次开关动作后，都需要进行机械位置信号确认和人工确认。这两种方法的原理不同，可以互相验证和校准，从而确保设备操作位置的准确性和可靠性。但这种方式要求在每次开关动作时都有人员在现场进行确认，耗费了大量的人力。

南方电网公司通过打通变电生产运行支持系统与调度网络发令系统

的数据链路，一定程度上实现了断路器和刀闸动作的数字孪生，支撑程序化操作辅助确认。针对调度员在调度主站开展的遥控操作，将刀闸遥控指令发送至变电生产运行支持系统。当调度员通过调度主站系统开展顺控操作时，变电运行人员可通过变电生产运行支持系统实时查看操作步骤名称、操作步骤执行情况（操作内容、目标状态、执行时间、AI识别结果、人工复核结果）、操作间隔一次接线图、操作间隔遥测遥信数据、待操作刀闸实时视频，以及已完成操作步骤的抓拍图片等信息，实现倒闸操作的程序化、无人化，如图 5-26 所示。

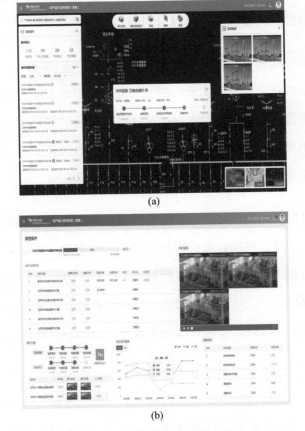

(a)

(b)

图 5-26　程序化操作辅助确认

3）现场作业远方许可

在以往的变电站作业中，许可确认是一项重要且复杂的工作，需要人工进行。作业人员需要准备并提交相应的申请和审批文件，包括工作票、操作票、安全措施方案等。这些文件需要经过审核和批准，以确保作业人员具备必要的技能和知识，并且工作过程要符合安全规定和标准。

然而，由于变电站操作的高风险性和严格的许可要求，人工进行许可确认过程可能存在一些挑战和问题。比如，申请和审批过程可能烦琐耗时，需要作业人员频繁等待批准。此外，由于人工审核可能存在误差和疏漏，导致许可确认不准确或不完全。

随着智能化和数字化技术的发展，变电站作业的许可确认现在可以通过一些新的技术手段来实现。例如，可以使用电子申请和审批系统，实现自动化流程和实时监控，以提高许可确认的效率和准确性。此外，还可以使用身份识别技术，如图像识别技术，确保只有经过授权的人员才能进入变电站进行操作和维修工作。

南方电网公司通过将智能技术与数字技术覆盖至站内工作的整个流程和区域，实现了现场作业流程的可视化、透明化。变电生产运行支持系统运用智能作业终端音视频交互能力，支持值班人员以视频通话的方式检查作业现场安全措施布置情况，实现作业远程许可，并应用现场摄像头等对作业全过程进行实时监视和告警，如图5-27所示。

举例来说，通过应用变电站运维数字孪生解决方案，在充分评估现场作业风险、满足智能安全管控的情况下，作业负责人可通过移动作业智能终端与工作许可人进行音视频远程交互，完成对厂站两三种工作票的远程许可和远程终结。

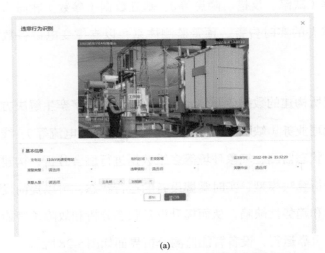

(a)

(b)

图 5-27　现场作业远方许可

4）设备智能监测及分析

针对变电设备的数字孪生需求，南方电网构建了以设备为中心的数据监测体系，将设备台账、遥测遥信、可见光图片、在线监测等通过智能终端采集的原始数据，应用大数据、人工智能等技术，将采集数据与运行数据（缺陷、反措、隐患等）、基础数据（参数）相融合，形成设备运行状态的实时告警、预警监测体系，以支撑变电设备数字孪生的实现。

利用所构建的数据监测体系，变电站运维数字孪生解决方案通过对设备的管理业务（缺陷隐患等）、电网运行（电压电流等）、线下检修试验、在线状态监测、气象环境等多维数据进行融合分析，构建起设备状态智能分析算法模型，实时掌握设备的运行状态，可以提前发现设备潜在的隐患和趋势性缺陷，从而提升设备状态分析和故障预警能力，保障电网安全可靠运行，设备智能监测分析界面如图 5-28 所示。

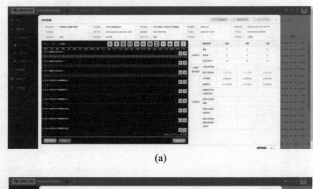

(a)

(b)

图 5-28　设备智能监测及分析

以开关动作特性分析为例，多重雷击极易造成断路器本体故障，因此运维人员需要进行定期维护和检查，以确保断路器的正常运行。在传统变电站中，运维检修人员只能从保护动作报告中才知道开关重合闸失败，进而获取开关的运行状态，费时又费力，并且大部分情况下，本体故障的测距结果不够准确，需要检修人员在故障后开展红外测温、SF6组分测试，才能够定位断路器的本体故障。利用变电站运维数字孪生解决方案中开关特性分析算法，运维人员可在开关动作后快速判断开关动作的特性。比如汕头 500kV 胪岗站 5022 断路器，算法在动作后的 5 秒内就分析出断路器发生了重击穿，并能同时计算出重击穿的持续电流、峰值电流，有效提高了开关设备的可靠性，助力设备运维水平的提升。

3. 案例总结

本案例已在南方电网广东、云南等地进行示范应用，目前已完成300 余座变电站的智能化改造与孪生化管理，支持了设备运行告警监测、多终端联合巡检、程序化操作辅助确认和现场作业安全管理等核心场景的快速应用，达成了减员、增效、提质的目标。

5.3.5 案例五：王家寨微电网控制服务系统

1. 案例概述

在"碳达峰碳中和"和构建新一代电力系统等背景下，微电网成为新能源高效消纳的重要途径。为实现微电网中发电、储能、配电设备的智能运行，并探索"设备层数字孪生体—电网层数字孪生体—数字孪生城市"的递进融合途径，国网雄安新区供电公司对雄安新区王家寨地区微电网数字孪生技术所涉及的全景状态监测及评价等方面进行了深入研究，但在数字孪生模型更新交互、设备风险前馈感知等方面仍存在一些不足。

2. 应用场景

该案例中的数字孪生微电网秉承清洁取暖、绿色用能的规划原则，通过云边协同、群调群控策略，构建风光储协调互补、冷热电群调群控的微电网群系统，形成绿色共享、柔性高效、数字赋能的乡村级新型电力系统，实现电源侧的绿色能源便捷友好接入、电网侧的数字化转型与消费侧的多层级"源网荷储"一体化发展。王家寨微电网控制服务系统如图5-29所示，通过此控制服务系统，可以更加经济有效地解决区域的清洁取暖需求，提高了农村电网对清洁能源和多元化负荷的接纳能力。通过应用全景智能系统等数字化手段，实现了微电网中新能源发电设备、储能设备、配电设备与居民生活的友好融合。

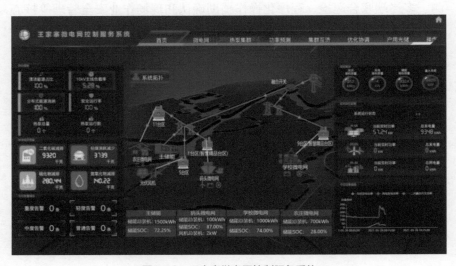

图 5-29　王家寨微电网控制服务系统

通过数字孪生微电网的全景监测功能，可准确掌握微电网各设备的运行状态，从而实现虚拟巡视功能，在提升运维效率的同时降低了人力成本。通过数字孪生微电网的状态评价功能，可以诊断识别出微电网的薄弱环节，为微电网的升级改造工作提供决策依据。王家寨微电网全景监测系统如图5-30所示。

图 5-30　王家寨微电网全景监测系统

3. 案例总结

目前，相较于在全景监测与状态评价等方面的研究，数字孪生技术在设备层的微电网多元化设备运维监测、电网层的新能源出力预测与柔性负荷控制等方面还较为薄弱。后期，优化神经网络等智能算法精准预测新能源发电情况，以及开发人机交互等关键技术，实现柔性负荷实时控制，将成为微电网数字孪生技术重点研究内容。这有助于加强微电网"源网荷储"的互动协同性，从而达到促进清洁能源的有效利用、减少碳排放的目的。

5.4 电力设备状态评估

5.4.1 案例一：基于supET工业互联网平台的电力变压器数字孪生系统

1. 案例概述

本案例依托supET工业互联网平台，利用ANSYS软件构建的电力变压器数字孪生系统，旨在解决变电站中变压器运行维护过程中铁芯线圈温度监控的难题，其系统界面如图5-31所示。supET工业互联网平台是2018年由阿里云计算有限公司牵头，联合浙江中控技术股份有限公司、之江实验室、国家工业信息安全发展研究中心等六家单位共建的。

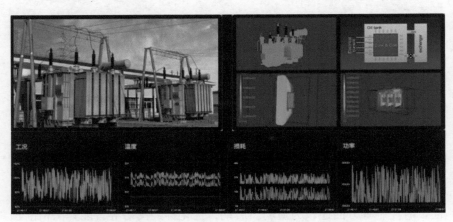

图 5-31 依托 supET 工业互联网平台的变压器数字孪生系统界面

2. 应用场景

本案例应用于110kV电力变压器的运维阶段，主要包括数字孪生系统构建中所需的机理模型构建、物理模型构建、模型计算与降阶，以及实物传感部署等，如图 5-32 所示。

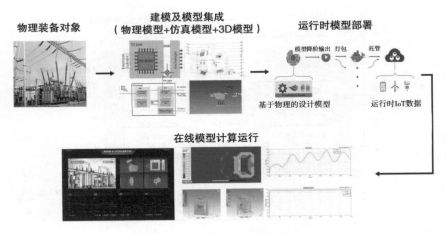

图 5-32 变压器运维数字孪生系统架构

1）机理模型构建

机理模型部分通过 ANSYS 的 Fluent/CFX 和 Maxwell 的 CAE 软件完成。机理模型的输入参数包括输入端与输出端的电流、泵的流量、油温和环境温度。其中输入输出端的电流和环境温度可以从所有变电站获得；油温的获取有一定难度，需对变压器进行适当改造，但改造难度不大；泵的流量一般是只有开和关两个状态，其开启时的流量可通过查询泵供应单位的相应产品手册获取。

2）物理模型构建

物理模型的内部功能模块划分主要包括电磁模块、流体模块和工况判断模块三部分。电磁模块用于计算铜损和铁损；流体模块用于根据铜损、铁损、泵流量和环境温度，计算铁芯和线圈的温度；工况判断部分根据其他模块计算出的参数判断是否为典型工况，并输出工况号。物理模型构建如图5-33所示。

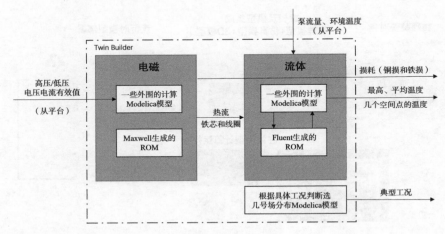

图 5-33　物理模型构建

3）模型计算与降阶

在对电磁模块和流体模块进行建模时，采用了ANSYS公司的降阶模型技术，将电磁三维仿真和流体三维仿真处理成具有三维仿真精度且能够进行实时仿真的降阶模型，并将其集成到变压器整体模型内。模型计算与降阶如图5-34所示。

4）实物传感部署

在将数字孪生系统部署进实物变压器中时，本案例通过部署Docker对模型及算法应用Device Twin进行容器化封装，实现高度灵活的自动化交付流程，并构建了一个弹性可扩展的系统架构，特别适合物联网的规模化场景。

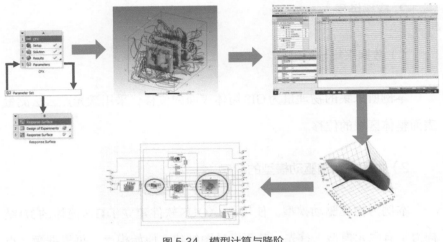

图 5-34　模型计算与降阶

3. 案例总结

利用该数字孪生系统，变电站运维人员可直接实时观察铁芯与线圈温度等原本无法由传感器直接获取的变压器内部关键运行参数。通过数字孪生建设，可降低设备运行风险，提高生产工艺良品率。

5.4.2　案例二：某220kV变电站GIS筒体应力数字孪生系统

1. 案例概述

本例通过对220kV GIS设备中表面位移这一容易监测的物理量进行实时监测，应用有限元方法构建3D机械结构计算模型，计算出现场无法监测但与设备健康状态密切相关的内部应力，从而实现GIS筒体机械结构健康状态的实时评估。

2. 应用场景

1）数据采集与处理

本例所采集的物理量为GIS筒体表面的位移，采用激光点云法测量表面整体区域的位移。

2）物理或数据驱动模型的构建

本例为物理驱动模型。使用ABAQUS软件建立了GIS筒体的3D结构力学有限元模型。首先，基于设计图纸建立原始模型，再根据激光点云测得的筒体表面位移设置边界条件，计算各部位的应力。计算过程中还考虑了温度变化产生形变的影响。

此外，本例还对GIS母线筒、支撑腿、盆式绝缘子和波纹管等可能发生温变位移故障的结构进行了精细化建模。滑动失效工况GIS设备整体图如图5-35所示。

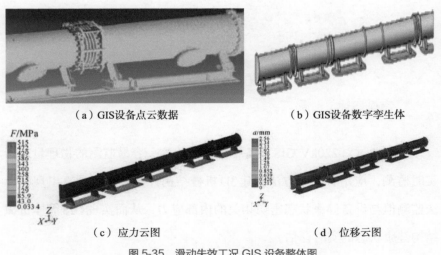

（a）GIS设备点云数据　　　　　　（b）GIS设备数字孪生体

（c）应力云图　　　　　　（d）位移云图

图5-35　滑动失效工况 GIS 设备整体图

3）基于物理或数据驱动模型的缺陷诊断

通过模型，可以计算正常工况下滑动支撑腿失效、U 形弯曲、N 形弯曲、线性弯曲等不同工况下的应力变化。同时，结合激光点云测得的 GIS 表面形状，计算盆式绝缘子、母线筒、伸缩节、支撑腿等各处的应力，为工程中 GIS 的形变状态预测与故障研判提供有力支持。

3. 案例总结

本例已在湖北省某 220kV 变电站开展应用，根据该站 220kV GIS 设备的实景点云模型，建立了三维实景数字孪生模型，并进行了典型故障仿真分析，为 GIS 设备的检修及维护工作提供了工程指导。

5.4.3 案例三：基于 COMSOL 多物理仿真平台的电缆线路状态分析专家系统

1. 案例概述

本案例依托 COMSOL 多物理场仿真平台，基于电力与结构多物理场模型，开发了电缆线路状态分析专家系统仿真 App（图 5-36），旨在对电缆的状态特征进行精确评估。通过输入不同的电缆参数，选择故障类型，即时调整仿真模型，就可以直接计算并显示所需的结果。此 App 可以快速生成电势和电场报告，帮助检修工人判断是否需要对该电缆进行更换或维修，从而实现对电缆健康状态的实时评估。

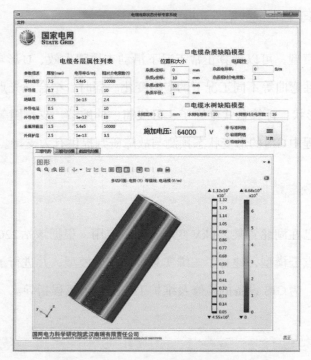

图 5-36　电缆线路状态分析专家系统仿真 App

2. 应用场景

电缆是一个复杂的多层结构，其线芯通常由几根或几组导线绞合而成，每组导线之间相互绝缘，线芯外包有高度绝缘的覆盖层。当电缆的绝缘层中存在水分以及其他诱发因素（如杂质、突起或者空间电荷）时，绝缘材料在水分和电场的作用下就会形成一些树状的微型通道，即产生了"水树"现象。在电缆正常工作时，水分子在电场的作用下会不断聚集到缺陷部位，导致绝缘层发生机械损伤，从而扩大绝缘体的缺陷。在电力输送中，所谓的"水树"现象是诱发高压电缆损坏的主要因素。

为避免出现突然断电等状况，电力设备需定期借助红外、紫外和局部放电等检测设备进行状态评估。然而，定期检测难以全面反映电缆状态或准确判断故障类型，且电缆架设环境多样，如地下、隧道或空中，增加了检测难度。因此，除传统检测设备外，工程师还需综合考虑线缆结构、材料、杂质、电压波动及运行环境等多种因素。

电缆故障模拟分为两步：首先设定电缆各层材料的结构参数和电学属性，计算电缆在高压电下的正常电场结果；随后加入杂质参数和水树层参数。在评估电缆健康状况时，需综合考虑电缆各层材料属性、水树、杂质等因素，COMSOL 软件能轻松实现这些功能。

通过对比正常与缺陷电场结果，工程师可准确评估杂质和水树对电缆性能的影响。正常电缆的电场均匀分布，沿导线半径指向屏蔽层；而存在杂质时，电场均匀性被破坏，若局部电势差超过绝缘层承受电压，绝缘层将迅速被击穿。

仿真技术全面揭示了电缆状态特征，但一线故障检修人员往往缺乏仿真技能培训，难以利用数字孪生多物理场模型进行实时数据分析。特别是在偏远地区，调用电力专家现场勘察需耗时数日甚至数周。若一线检修人员能掌握仿真分析技能，将大幅降低检修难度。为此，张静工程师利用 COMSOL 软件的"App 开发器"，定制开发了专家系统仿真 App（见图 5-36），检修人员只需调整少量参数即可完成仿真分析。

该电缆线路状态分析专家系统仿真 App 支持用户直接输入电缆参数、选择故障类型、调整仿真模型，并即时显示计算结果。App 生成的电势和电场报告为检修工人提供了决策依据，判断电缆是否需要更换或维修。此仿真 App 在电缆维护工作中发挥了关键作用，不仅显著提高了工作效率，还增强了一线工作人员对电缆故障判断的信心。

3. 案例总结

本案例已在广西电网下属单位成功应用，通过电缆线路状态分析专家系统，有效提升了电缆检修人员对电缆故障的预判能力及检修速度，为电缆的检修及维护工作提供了有力指导。

5.4.4　案例四：基于COMSOL多物理仿真平台的母线温升计算平台

1. 案例概述

本案例基于COMSOL多物理场仿真平台，构建了一个数值模型，该模型专注于直流GIS气固绝缘电场分布和表面电荷积累的计算。通过深入分析仿真结果，进一步探究了气体离子对产生率、固体绝缘介质体积以及表面电导率对表面积聚电荷极性和分布的影响机制，进而实现了对GIS中母线温度变化的精确评估。

2. 应用场景

气体绝缘金属封闭开关（Gas Insulated Metal-Enclosed Switchgear，GIS）作为一种新型的高压配电装置，通过巧妙的设计与特殊绝缘气体的应用，成功地将变电站中（除变压器外）的各类设备紧凑地整合为一个整体。

相较于传统变电站，GIS凭借其卓越的绝缘性能和紧凑的集成设计脱颖而出，其所有电气组件均被封闭在接地的金属壳体内，并填充以高效绝缘的合成惰性气体六氟化硫（SF6）。由于 SF6 的绝缘与灭弧性能远超空气，GIS 内部组件的间距得以大幅缩减，从而显著减小了整体体积。

然而，在 GIS 的长期运行过程中，电荷会在绝缘气体与固体绝缘介质的交界面逐渐积累。当电荷积聚达到一定程度时，过高的电压差将可能击穿固体绝缘介质周围的气体，并引发沿绝缘子表面的放电现象。局部放电后，绝缘气体及金属部件的分解物将导致绝缘性能下降，甚至引发绝缘失效。绝缘失效作为 GIS 设备中的常见故障，严重限制了其工程应用。

绝缘失效是一个涉及电场、温度场、结构等多个物理场相互耦合的复杂问题。实验分析与测试不仅难度颇大，而且成本高昂。以 1100kV 套管测试为例，每减少一次测试可节省约 1000 万元的加工及测试费用。为了降低研发成本并提升效率，平高集团引入了 COMSOL Multiphysics® 多物理场仿真软件，对 GIS 设备的绝缘问题进行深入分析。

工程师们依据仿真结果，深入研究了气体离子对产生率、固体绝缘介质体积及表面电导率对表面积聚电荷极性和分布的影响规律。这些研究成果为优化 GIS 的绝缘设计、改进绝缘子的几何形状和材料特性提供了有力支持，并助力验证设计变更。同时，温度控制也是 GIS 优化工作中不可或缺的一环。GIS 设备在运行过程中，由于电流通过母线时会产生大量焦耳热，导致内部温度升高，进而可能引发组件过热故障。因此，针对母线温升及散热性能的优化成为提升 GIS 设备性能的关键手段。

为提升仿真分析效率，平高集团的工程师利用 COMSOL 软件中的

App开发功能，将GIS温升模型封装为仿真App（如图5-37所示）。这一创新举措使得所有设计人员都能轻松计算不同参数下的功率和温度变化，并据此对产品进行优化。如今，平高集团的产品设计、工程设计及运维服务人员均能借助这款简单易用的仿真App高效开展GIS的开发与维护工作，极大地促进了企业内跨部门的合作与知识共享。平高集团正致力于基于云计算的高压开关仿真App开发研究，以期通过更深入的仿真研究助力产品设计人员研发出性能更卓越的GIS产品。

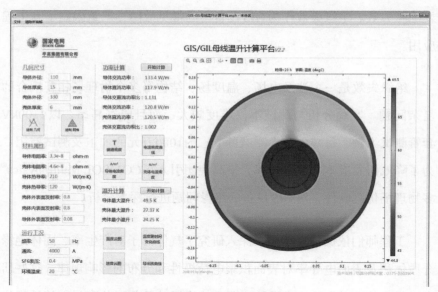

图 5-37　GIS 温升仿真 App

3. 案例总结

本案例已在平高集团成功应用，将GIS温升模型封装成仿真App，实现了对不同参数下功率和温度变化的快速计算与分析。这一创新不仅为GIS设备的开发与维护工作提供了有力指导，还极大地促进了企业内跨部门的合作与知识传承。

第**6**章

电力设备数字孪生
标准体系

　　本章从标准体系建设目标与原则、标准建设现状和电力设备数字孪生标准体系框架三个方面进行介绍。

　　第一部分主要对电力设备数字孪生标准体系的总体建设目标和遵循的构建原则进行介绍。

　　第二部分主要对标准体系目前的建设现状进行介绍，包括国际和国内对数字孪生的标准体系的研究现状。

　　第三部分对提出的电力设备数字孪生标准体系框架进行介绍。主要包括基础共性标准、关键技术标准、服务与平台标准、数字孪生应用标准、安全与运行标准5个部分。

　　最后介绍电力设备数字孪生标准体系的未来标准布局，为指导和规划电力设备数字孪生体系建设和应用的开展提供参考，提升技术标准体系的科学性和权威性，推动标准化成果落地。

6.1 标准体系建设目标与原则

6.1.1 建设目标

通过梳理、完善电力设备数字孪生标准体系，提升电力设备数字孪生领域关键标准的适用性，加快标准化工作进度，有效保证电力设备数字孪生系统建设的质量和进度，促进产业规模化发展。电网设备数字孪生标准体系建设起到以下三方面的作用，从而指导和规划电力设备数字孪生体系建设和应用的开展。

第一，建立完善的电力设备数字孪生相关术语、系统架构、适用准则等，规范不同用户、不同应用维度对电力设备数字孪生的理解与认识，推广电力设备数字孪生概念。

第二，为数字孪生相关模型、协同更新、实时交互等标准的制定提供参考，避免在电力设备数字孪生建设过程中出现数字孪生模型协同互动障碍、数字孪生模型与物理实体之间的状态实时同步差、双向互动难，以及一致性保持不佳等问题。

第三，指导电力设备数字孪生应用落地，依据电力设备数字孪生相关适用准则、功能需求、技术要求等相关标准，指导企业进行适用性评估与决策分析。通过电力设备数字孪生测评、安全、管理等相关标准，为数字孪生的评估与安全使用提供参考与指导。

6.1.2 构建原则

电力设备数字孪生标准体系密切结合电力设备数字孪生总体发展目标需要，并遵循系统性、继承性和开放性的原则进行构建。

1. 系统性

电力设备涉及电力生产各个过程，需要从系统的角度和多个不同维度综合考虑各种组成要素，进行多层次、多维度、多方向的划分，进而构建一个协调、完整的电力设备数字孪生标准体系。

2. 继承性

电力设备数字孪生建设涵盖发电、输电、变电、配电、用电等多个方面，数字孪生技术在智能工厂、车联网、智慧城市、智能制造、能源领域等也有大量理论研究成果和工程实践经验。电力设备数字孪生标准体系应与电力设备和数字孪生领域现有研究成果相适应，在继承和完善已有相关技术标准的基础上，固化新技术、新装备、新方向的研究成果，制定新的标准。

3. 开放性

随着电力设备数字孪生建设的不断深入，在发电、输电、变电、配电、用电等技术领域和数字孪生领域，将面临许多创新需求，需要坚持"标准先行"的工作思路，持续制定或修订相关技术标准。因此，标准体系应是一个开放、包容、可扩展的系统。

6.2 标准建设现状

目前，国际标准化组织（ISO）、国际电工委员会（IEC）、国际电信联盟（ITU）、电气电子工程师学会（IEEE）、德国等国际组织/国家，在数字孪生标准建设领域已经开展了诸多开创性工作。目前，数字孪生标准的研究工作主要集中于概念研究与顶层规划，发布的标准多为基础通用类标准[65]。其中，由 ISO/TC184/SC4 的 WG15 工作组编制的面向制造的数字孪生系统框架系列标准《自动化系统与集成制造系统的数字孪生架构》（ISO 23247）目前已经发布。它包括概述和基本原则、参考架构、制造系统元素的数字表示，以及信息交互4部分。该标准发布的数字孪生制造框架，涵盖了用户域、数字孪生表征域（包含操作与管理子域、应用与服务子域、资源接入与互换子域）、数据采集与设备控制域、物理制造域等方面，并涉及数字孪生创建人员、设备、材料、制造过程、设施、环境、产品和支持文件等制造要素。由 ISO/TC184/SC4 的 WG16 工作组编制的《自动化系统和集成 工业数据 数字孪生的可视化元素》（ISO/TR 24464）目前已经发布。文件分析了替身（数字复制品）和物理资产之间共享或集成的可视化元素，定义了数字孪生的三个构成模型：物理资产、替身和实时接口，并分析了替身和物理资产之间接口的保真度度量。国际标准化组织/国际电工委员会第一联合技术委员会（ISO/IEC JTC1）数字孪生咨询组 AG11 在《数字孪生技术趋势报告》中，制定了数字孪生的标准体系框架，包括基础标准、数字孪生技术实现、不同数字孪生系统之间的集成与协作、测试与评估、用例和应用5部分。

AG11数字孪生咨询组于2020年10月推动ISO/IEC AWI5618《数字孪生概念与术语》和AWI 5719《数字孪生应用案例》两项国际标准正式立项，并成立了WG6数字孪生工作组。目前这两项标准都已经正式发布。《数字孪生概念与术语》（ISO/IEC 30173）针对目前数字孪生在不同领域孤立发展导致的不同概念和术语进行了规范统一。文件提供了行业通用的数字孪生术语和概念，定义了通用数字孪生系统的框架、数字孪生的生命周期过程、数字孪生的利益相关者类型和数字孪生功能4部分。《数字孪生应用案例》（ISO/IEC TR 30172）通过对数字孪生典型案例和应用特性的系统分析，为数字孪生技术在各行业领域的拓展应用提供了示范。文件将案例按照应用域和生命周期状态进行划分，收录了14个数字孪生典型应用案例，对案例应用特征进行描述分析，梳理形成数字孪生标准化需求。IEC TC 65/SC 65编制的《企业控制系统集成》（IEC 62264）包括模型和术语、企业控制系统集成的对象和属性、制造运营管理的活动模型、制造运营管理集成的对象模型属性、企业与制造间事务、消息服务模型6部分。

ITU-T SG13（未来网络研究组）目前发布了一项数字孪生标准《数字孪生网络需求和体系结构》（ITU-T Y.3090），文件定义了数字孪生网络（DTN）的体系架构、功能要求、服务要求和安全要求，有助于基于数据、模型和接口对物理网络进行分析、诊断、仿真和控制，实现物理网络与数字孪生网络之间的实时交互映射。ITU-T SG17（安全研究组）目前发布了一项数字孪生标准《数字孪生网络安全指南》（ITU-T X.2011），正在制定一项数字孪生标准《智慧城市数字孪生系统安全机制》。《数字孪生网络安全指南》定义了数字孪生网络（DTN）的安全准则和要求，梳理数字孪生网络所面临的四个层次的安全威胁，并提供了加强安全的对策，这将有助于所有电信运营商提高 DTN 的安全运行。ITU-T SG20（物联网和智慧城市与社区研究组）已经发布三项数字孪生标准《可持续智慧城市中数字孪生的概念和使用案例》（ITU-T Y Suppl. 73）、《智慧城市数字孪生系统的需求和能力》（ITU-T Y.4600）和《智能消防数字孪生的需求和能力框架》（ITU-T Y.4601），目前正在制定的标准包括《数字孪生网络：网络数字孪生层数据域的框架和功能需求》《面向智能交通系统数字孪生需求和能力框架》。《可持续智慧城市中数字孪生的概念和使用案例》定义了可持续智慧城市数字孪生的概念，形成了可持续智慧城市中的三类数字孪生应用案例，并分析了可持续智慧城市数字孪生的挑战和机遇。《智慧城市数字孪生系统的需求和能力》定义了智慧城市数字孪生系统的概念、要求和能力，并通过对城市的数字孪生系统的使用案例进行模拟分析来确定实现城市特定目标的最佳参数。《智能消防数字孪生的需求和能力框架》定义了用于智慧消防数字孪生的要求和能力框架，并通过火灾现场监控和救援策略的制定与培训两个使用案例对智能消防数字孪生进行分析。

IEEE/C/SM/DR_WG（数字化表征工作组）正在制定 P2806.1《工厂环境中物理对象数字表示的连接性要求标准》，该标准定义工厂环境中物理对象的数字表示的系统架构。系统架构描述了工厂环境下数字化表示的目标、重要组成部分、所需的数据资源和基本建立过程。IEEE/C/SM/DT_WG（数字孪生工作组）正在制定 P3144《工业数字孪生成熟度模型与评估方法》，该标准旨在建立成熟度模型，包括能力域和能力子域，并建立成熟度评价方法，包括评价内容、评价过程和成熟度分级。

德国工业4.0提出的资产管理壳（AAS）概念是资产的虚拟数字表示。目前 IEC/TC65/WG 24 "工业应用程序的资产管理壳"工作组已成立。由以上分析可知，虽然各大国际标准组织都在开展数字孪生标准化研究，但是不同组织的侧重点却不尽相同。其中，ISO 数字孪生国际标准侧重智能制造领域，ISO/IEC JTC1 主要关注数字孪生技术本身的基础框架及概念，ITU 则关注数字孪生技术在智慧城市不同应用场景中的具体系统需求及框架，IEEE数字孪生国际标准侧重工业领域。

6.2.2 中国工作现状

目前，中国已发布2项国家标准，分别是由全国自动化系统与集成标准化技术委员会（TC159）发布的《自动化系统与集成 复杂产品数字孪生体系架构》（GB/T 41723—2022）和全国信息技术标准化技术委员会（TC28）发布的《信息技术 数字孪生 第1部分：通用要求》（GB/T 43441.1—2023）。即将实施的国家标准1项，在研的国家标准14项。

《自动化系统与集成 复杂产品数字孪生体系架构》由TC159/SC5（体系结构、通信和集成框架分会）进行编制，文件规定了复杂产品数字孪生体系架构，并具体规定了复杂产品在设计、制造和服务过程的虚实数据管理模块、数字孪生模型模块、物理 - 虚拟空间同步映射模块、设计—制造—服务协同模块的逻辑架构与主要功能，适用于复杂产品设计、制造和服务过程的数字孪生体系顶层规划与智能化升级。

《信息技术 数字孪生 第1部分：通用要求》由TC28/SC41/WG4（物联网分技术委员会数字孪生工作组）进行编制，文件规定了城市数字孪生的定义、概念模型以及技术参考架构，适用于指导城市数字孪生的规划、建设、运营、服务以及数字孪生技术在城市中的应用和部署。

此外，北京航空航天大学等18家单位，纵向上按照基础、技术、平台、应用4个层级，横向上考虑测评与安全，提出了包括基础共性标准、关键技术标准、工具/平台标准、测评标准、安全标准、行业应用标准共6个维度、42个模块的数字孪生标准框架体系。

国网上海公司以《变电站数字孪生架构及数据采集技术导则》为试点开展数字孪生变电站的标准体系建设，该标准已被中国电工技术学会正式批准为团体标准，主要包括3部分：

（1）变电站数字孪生系统架构标准。构建标准的数字孪生系统分层架构体系，标准架构具备敏捷性、易部署性、可伸缩性、高可用性，能够满足不断变化的业务场景，支持新基建的建设和推进，实现插拔式业务应用的扩展，按照水平切分的方式分成采集层、表现层、应用层、领域层和基础层。

（2）变电站数字孪生系统数据接口标准。包括接口安全标准、接口服务属性标准、接口服务规约标准、接口服务设计标准、接口服务检查标准、报文规范标准等，实现不同类型、不同厂家的感知装置统一接入、即插即用。

（3）数字孪生变电站状态量采集标准。从采集成本、状态量覆盖面、状态量等级、缺陷检出率等多种角度分析，编制菜单式、模块化的状态量采集清单，形成规范化的状态量采集标准。

6.3 电力设备数字孪生标准体系框架

6.3.1 总体框架

电力设备数字孪生标准体系由各项子标准体系组成，包含基础共性标准、关键技术标准、服务与平台标准、数字孪生应用标准、安全与运行标准5部分，如图6-1所示。

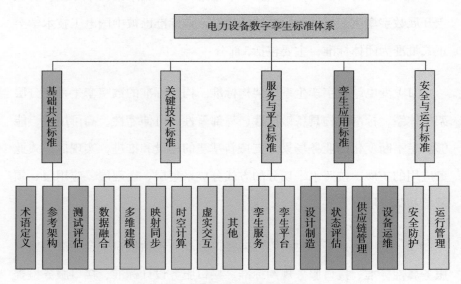

图 6-1 电力设备数字孪生标准体系框架

（1）电力设备数字孪生基础共性标准。包含术语定义、参考架构、测试评估3部分，是电力设备数字孪生的总体性、框架性、基础性的标准和规范，为整个标准体系奠定了基础。

① 术语定义：规范电力设备数字孪生有关概念、通用术语以及相

应缩略语等技术要求，统一电力设备数字孪生相关概念认识。

② 参考架构：规范电力设备数字孪生总体参考架构、电力设备数字孪生建模参考架构、电力设备数字孪生数据架构、电力设备数字孪生平台总体架构、电力设备数字孪生安全参考架构等技术要求。

③ 测试评估：规范数字孪生的评估体系、评估方法和评估指标等技术要求，为电力设备数字孪生应用提供迭代优化与决策依据。

（2）电力设备数字孪生关键技术标准。包含数据融合、多维建模、映射同步、时空计算、虚实交互、其他6部分，为数字孪生平台建设、电力设备数字化等方面提供关键核心能力。

① 感知标识：规范电力设备数字孪生采集感知、对象标识等技术要求。

② 孪生建模：规范电力设备数字孪生模型构建等技术要求，包含多维多时空多尺度机理模型、数据驱动模型、混合模型等构建方法。

③ 孪生数据：规范电力设备数字孪生数据分类、存储、预处理、管理、服务等技术要求，驱动电力设备数字孪生系统稳定运行。

④ 仿真推演：规范电力设备数字孪生仿真计算、运行推演等技术要求，反馈指导电力设备仿真运行、辅助决策。

（3）电力设备数字孪生服务与平台标准。包含孪生服务、孪生平台2部分，用于规范电力设备数字孪生服务要求与平台功能等技术要求。

① 孪生服务：包括孪生体构建服务、仿真推演服务、运行管理，用于规范数字孪生服务能力建设。

② 孪生平台：包含功能要求、性能要求、集成交互，用于平台规范功能架构、基本性能、可靠性、扩展性等技术要求。

（4）电力设备数字孪生应用标准。包含设计制造、状态评估、供应链管理、设备运维4部分，用于规范电力设备数字孪生应用设计、运行、实施管理与服务过程相关要求，对数字孪生在电力设备应用的落地进行规范。

（5）电力设备数字孪生安全与运行标准。包含安全防护、运行管理两部分，用于规范体系中的孪生体安全、各类信息安全、运行管理等技术要求，用于保障电力设备数字孪生数据、平台、运维、应用的安全性和可靠性。

① 安全防护：规范电力设备数字孪生体、孪生平台、孪生数据等方面安全有关技术要求。

② 运行管理：规范电力设备数字孪生中的设计、制造、运行、平台运行、运维管理等技术要求。

6.3.2 标准布局

随着数字孪生技术在电力设备领域的应用，需要在通用要求与总体架构、设备级应用、系统级应用等方面建立和完善相关标准体系，并将其按照近期、中长期和远期3个阶段来考虑。在通用要求与总体架构方面，拟制定标准两项，包括数字孪生输变电设备总体架构、数字孪生输变电设备总体技术规范。在设备级应用方面，拟制定标准两项，输变电设备数字孪生可视化组件技术要求、输变电设备数字孪生模型构建规范。在系统级应用方面，拟制定标准一项，即输变电设备数字孪生系统应用技术规范。

第 **7** 章

挑战与展望

电力设备数字孪生技术是先进设备技术的发展趋势。它将广泛应用于设备设计制造、运行维护、退役和报废的全生命周期管理。本章将系统总结电力设备数字孪生的挑战和前景，并展望未来的发展方向。

7.1 电力设备数字孪生面临的挑战

一是数字孪生技术和管理成本过高的问题。数字孪生技术的实现涉及电力设备传感、巡视、运维、管理等系统的改造，投资大、沉没成本高。受限于此，目前数字孪生技术往往仅能成为电力企业设备管理的展示性技术，并未成为能够解决实际问题、应用于实际电力设备状态检测和运维的普适性技术。因此，需要降低数字孪生成本，考虑与现有技术结合，比如BIM、GIM、三维街景融合解决当前问题，促进数字孪生技术的发展。

二是电力设备数字孪生产业链的共享和协同问题。电力设备数字孪生产业链长、分工细致、碎片化程度高，电力设备生产、设计、施工、运维等不同领域之间仍处于独立运行的状态，跨域技术融合性较差、资源整合难，目前对各个环节如何分工、如何进行资源共享等尚不明确，亟须制定相应的数据共享政策，从而有效整合各个环节的信息资源，确保有效信息共享。

三是电力设备数字孪生解决方案的统一化和标准化问题。不同部门和业务对电力设备数字孪生的需求差异大，解决方案的可复制性不强，导致电力设备数字孪生应用多以项目交付型为主，标准化、模块化程度较低，不利于高效推广。目前亟须制定相关的标准，对电力设备数字孪生解决方案进行统一化、标准化管理。

四是电力设备数字孪生技术的安全可靠度和成熟度问题。在数据、模型、平台三个方面的挑战制约了数字孪生技术整体的应用，需要形成有电力设备全生命周期管理特色的数字孪生方案。

数据、模型、平台等技术方面挑战具体如下：

（1）数据方面

数据能够反映电力设备的状态，并为数字孪生模型的构建提供数据基础。但是，当前电力设备声、光、电、热、磁等物理量的多源多模态监测数据异构感知和融合不足，难以支撑全尺度数字孪生模型的构建。而简单增加传感装置将带来新的电磁干扰、运行维护等问题，因此未来需要开展集成微纳、柔性、多元、感传一体等特性的传感器件研究，实现对现有设备影响最小、测量参数最多、涵盖边缘计算的功能，以标准化的协议与数据格式将数据发送到数据云平台。

（2）模型方面

在电力设备数字孪生模型构建阶段，全尺度多物理场耦合模型的建立及实时求解是实现电力设备数字孪生的一大难点。因此需要充分将模型与数据相结合，实现电力设备多物理场耦合情况下的实时计算。

（3）平台方面

由于服务设备性能分析的多物理场仿真平台现阶段被少数企业垄断，不利于数字孪生技术快速发展。未来亟须开发出服务于电力设备性能分析的通用开源数字孪生平台。

7.2 电力设备数字孪生的展望

为进一步促进电力设备数字孪生技术发展，形成产业合力，推广技术应用，打造赋能电力系统数字化转型的通用技术底座，电力行业需要从顶层设计、技术攻关、生态构建和标准化四个层面重点突破。

一是顶层设计层面，联合各利益相关方尽快研究明确电力设备数字孪生的中长期发展规划，制定相关标准，为电力设备数字孪生技术发展指明方向和路径。其主要包括以下几个方面：

（1）统一数据模型的建立。在政策层面应制定鼓励建立统一数据模型，提出相关的标准，促进电力专用传感技术发展，从而为数字孪生提供有效的数据基础。

（2）完备的数字孪生评价体系。从建模精度、数据互通性、同步演进性、智能化程度、系统间数据的共享程度等多个维度构建评价指标，牵引数字孪生向高阶演进。

（3）合理化引导和支持。从政策、经济上对电力设备数字孪生进行引导，鼓励电网企业进行数字孪生研究，促进电力设备数字孪生发展。

二是技术攻关层面，聚焦电力设备数字孪生基础理论及关键核心技术，鼓励产学研联合研发，在信息建模、机理建模、模型同步、模型融合、智能决策、智能感知和信息安全等方面突破一批技术瓶颈，形成基础扎实、稳定成熟的技术体系。具体包括以下几个方面：

（1）数据模型与传感技术研究。构建统一的数据模型，研究不同模型间的语义贯通和解析方法，实现多数据模型的统一化，为数字孪生技术中数据的共享提供基础。研究电力传感技术，考虑功耗、精度等多方面要求，研究适用于电力设备复杂运行环境的轻量化电力传感技术，为电力设备数字孪生提供数据采集服务。

（2）机理驱动、数据驱动以及混合驱动模型并行研究，并在特定的环节和场景选择合适的模型进行电力设备物理状态的数字孪生模型构建。

（3）基于数字孪生模型的多物理场仿真及参数反演，综合考虑电、磁、热、力、光、声、流体、绝缘等因素及各种物理场和现象之间的复杂耦合关系，考虑各物理场变化过程遵循的质量守恒定律、动量守恒定律、能量守恒定律、电磁场麦克斯韦方程、流体纳维-斯托克斯方程、热传导模型方程、热辐射模型方程、热对流模型方程、声学波动方程等，对多物理场间的耦合、反演进行研究，实现电力设备虚拟现实交互，服务电力设备安全性分析和预测。

三是生态构建层面，电力设备的数字产业链是一个复杂的长期技术体系，需要各方的合作和创新，相互增效，合力增强。特别应在数据传输、数据共享和数据识别方面创建工业生态。主要包括以下两点：

（1）协作机制的研究。创建一种数据共享的协作机制，使各个行业和企业受益。

（2）基于通用数据模型的数据共享平台。打破不同领域的数据限制，执行不同的信息、不同的应用程序，并确保业务安全。

　　四是标准化层面，统一基本要素和应用数字结对模型。努力快速形成包含基本公共特征的统一系统，如信息模型标准化、数据集成、平台等，开展能源设备数字结对的主要技术和工业应用研究。制定包括传感器、数据模型、智能芯片、数字结对效果、评估系统等的标准。

参考文献
References

[1] 王妍. 基于数字孪生技术的变压器故障诊断研究 [D]. 贵州大学，2021.

[2] 田锋. 数字孪生体技术白皮书 [M]. 2019.

[3] 刘亚威. 数字线索提升航空产品寿命周期决策能力 [C/OL]//2017年（第三届）中国航空科学技术大会论文集（下册）. 中国航空学会，2017: 134-137[2022-09-13].

[4] 杨帆，吴涛，廖瑞金，等. 数字孪生在电力装备领域中的应用与实现方法 [J/OL]. 高电压技术，2021, 47(5): 1505-1521.

[5] GRIEVES M, VICKERS J. Digital Twin: Mitigating Unpredictable, Undesirable Emergent Behavior in Complex Systems[J/OL]. Transdisciplinary Perspectives on Complex Systems, 2017: 85-113.

[6] GRIEVES, MICHAEL W. Product lifecycle management: the new paradigm for enterprises[J]. International Journal of Product Development, 2005, 2(1/2): 71.

[7] TUEGEL E J, INGRAFFEA A R, EASON T G, et al. Reengineering Aircraft Structural Life Prediction Using a Digital Twin[J]. International Journal of Aerospace Engineering, 2011, 2011(1687-5966).

[8] ROSEN R, VON WICHERT G, LO G, et al. About The Importance of Autonomy and Digital Twins for the Future of Manufacturing[J/OL]. IFAC-PapersOnLine, 2015, 48(3): 567-572.

[9] KINARD D. The Digital Thread-Key to F-35 Joint Strike Fighter Affordability[EB/OL].

[10] GLAESSGEN E, STARGEL D. THE DIGITAL TWIN PARADIGM FOR FUTURE

NASA, U. S. Air Force Vehicles: Aiaa/asme/asce/ahs/asc Structures, Structural Dynamics & Materials Conference Aiaa/asme/ahs Adaptive Structures Conference Aiaa, 2012[M].

[11] FEI T, JIANGFENG C, QINGLIN Q, et al. Digital twin-driven product design, manufacturing and service with big data[J]. The International Journal of Advanced Manufacturing Technology, 2018, 94(9).

[12] 刘大同，郭凯，王本宽，等. 数字孪生技术综述与展望[J]. 仪器仪表学报，2018, 39(11): 1-10.

[13] 许政顺. 西门子机床数字化双胞胎方案的技术思路及特点[J]. 金属加工（冷加工），2021(2): 26-28.

[14] 周瑜，刘春成. 雄安新区建设数字孪生城市的逻辑与创新[J]. 城市发展研究，2018, 25(10): 60-67.

[15] TIANHU D, KEREN Z, ZUO-JUN M S. A systematic review of a digital twin city: A new pattern of urban governance toward smart cities[J]. Journal of Management Science and Engineering, 2021, 6(2): 125-134.

[16] 叶陈雷，徐宗学. 城市洪涝数字孪生系统构建与应用：以福州市为例[J]. 中国防汛抗旱，2022, 32(7): 5-11.

[17] BARRICELLI B R, CASIRAGHI E, GLIOZZO J, et al. Human Digital Twin for Fitness Management[J/OL]. IEEE Access, 2020, 8: 26637-26664.

[18] 陶飞，刘蔚然，张萌，等. 数字孪生五维模型及十大领域应用[J]. 计算机集成制造系统，2019, 25(1): 1-18.

[19] 卢强. 数字电力系统(DPS)[J]. 电力系统自动化，2000(9): 1-4.

[20] 沈沉，曹仟妮，贾孟硕，等. 电力系统数字孪生的概念、特点及应用展望[J/OL]. 中国电机工程学报，2022, 42(2): 487-499.

[21] 汤清权，陈冰，邓文扬，等. 数字孪生技术在交直流配电网的应用研究[J]. 广东电力，2020, 33(12): 118-124.

[22] 周二专，张思远，石辉，等. 复杂大电网数字孪生构建技术及其在调度运行中的应用[J/OL]. 电力信息与通信技术，2022, 20(8): 50-59.

[23] 高扬，贺兴，艾芊. 基于数字孪生驱动的智慧微电网多智能体协调优化控制策

略 [J/OL]. 电网技术，2021, 45(7): 2483-2491.

[24] 杨可军，张可，YANG KE-JUN Z K. 基于数字孪生的变电设备运维系统及其构建 [J]. 计算机与现代化，2022, 0(2): 58.

[25] 吴学正，李树荣. 基于数字孪生的GIS智能变电站健康评估及故障诊断模型 [J]. 河北电力技术，2021, 40(3): 15-18, 48.

[26] 徐威，俞卫新，薛建强，等. 基于数字孪生的电站锅炉可视化安全预控系统研究 [J]. 电力设备管理，2021(8): 161-162.

[27] 林牧，刘凯，王乃永，等. 换流变阀侧套管数字孪生建模及热特性分析 [J/OL]. 高电压技术，2022: 1-10.

[28] Digital twin operation system for HVDC transformer[EB/OL]//siemens-energy.com Global Website.[2022-09-13].

[29] MIAO W, LINGEN L, YONG Q, et al. Partial Discharge Inversion Localization Method for GIS Based on Twin Database[C/OL]//2022 7th Asia Conference on Power and Electrical Engineering(ACPEE). 2022: 2183-2187.

[30] 王浩，许海伟，杜勇，等. 基于数字孪生模型的GIS筒体关键部件温变行为研究 [J/OL]. 高电压技术，2021, 47(5): 1584-1594.

[31] OÑEDERRA O, ASENSIO F J, EGUIA P, et al. MV Cable Modeling for Application in the Digital Twin of a Windfarm[C/OL]//2019 International Conference on Clean Electrical Power (ICCEP). 2019: 617-622.

[32] 江秀臣，许永鹏，李曜丞，等. 新型电力系统背景下的输变电数字化转型 [J/OL]. 高电压技术，2022, 48(1): 1-10.

[33] 沿海山区输电线路工程数字化设计深化应用 [J/OL]. [2022-10-24].

[34] 三维数字化设计在宁东—山东 ±660kV 直流输电示范工程中的应用 [J/OL]. [2022-10-24].

[35] 赵辉，赵贞欣，吴晓峰，等. 一种特高压输电线路数字化结构设计方法：CN201810304459.9[P/OL].[2022-10-24].

[36] MOURTZIS D, ANGELOPOULOS J, PANOPOULOS N. Equipment Design Optimization Based on Digital Twin Under the Framework of Zero-Defect Manufacturing[J/OL]. Procedia Computer Science, 2021, 180: 525-533.

[37] 李浩，陶飞，王昊琪，等. 基于数字孪生的复杂产品设计制造一体化开发框架与关键技术[J]. 计算机集成制造系统，2019, 25(6): 1320-1336.

[38] DARIAN L, KONTOROVYCH L. Electrical power equipment digital twins. Basic principles and technical requirements[J/OL]. E3S Web of Conferences, 2021, 288: 01029.

[39] 陶飞，张萌，程江峰，等. 数字孪生车间———一种未来车间运行新模式[J]. 计算机集成制造系统，2017, 23(1): 1-9.

[40] 齐波，张鹏，张书琦，等. 数字孪生技术在输变电设备状态评估中的应用现状与发展展望[J/OL]. 高电压技术，2021, 47(5): 1522-1538.

[41] 陆剑峰，徐煜昊，夏路遥，等. 数字孪生支持下的设备故障预测与健康管理方法综述[J]. 自动化仪表，2022, 43(6): 1-7, 12.

[42] 王妍，张太华. 基于数字孪生的优化概率神经网络变压器故障诊断[J]. 组合机床与自动化加工技术，2020(11): 20-23.

[43] 夏玲，姜媛媛，张杰，等. 基于数字孪生的Buck电路故障诊断方法[J]. 工矿自动化，2021, 47(2): 88-92, 115.

[44] 相晨萌，曾四鸣，闫鹏，等. 数字孪生技术在电网运行中的典型应用与展望[J/OL]. 高电压技术，2021, 47(5): 1564-1575.

[45] 杨晔，寇逸群，胡友民，等. 基于数字孪生的工程培训模式构建与应用[J/OL]. 实验技术与管理，2022, 39(4): 236-241.

[46] Q. Wu, W. Wang, Q. Wang, et al. "Digital Twin Approach for Degradation Parameters Identification of a Single-Phase DC-AC Inverter," 2022 IEEE Applied Power Electronics Conference and Exposition (APEC), 2022, pp. 1725-1730.

[47] X. Song, H. Cai, J. Kircheis, et al. "Investigation of inventive Tuning Algorithm for the Realization of Digital Twins of Inverter Model in Inverter-dominated Power Distribution Grid," NEIS 2020; Conference on Sustainable Energy Supply and Energy Storage Systems, 2020, pp. 1-6.

[48] T. Hossen, D. Sharma and B. Mirafzal, "Smart Inverter Twin Model for Anomaly Detection," 2021 IEEE 22nd Workshop on Control and Modelling of Power Electronics (COMPEL), 2021, pp. 1-6.

[49] 房方，姚贵山，胡阳，等. 风力发电机组数字孪生系统[J/OL]. 中国科学：技术科学：1-13.

[50] W. Hu, Y. He, Z. Liu, et al. "Toward a Digital Twin: Time Series Prediction Based on a Hybrid Ensemble Empirical Mode Decomposition and BO-LSTM Neural Networks." ASME. J. Mech. Des. May 2021; 143(5): 051705.

[51] M. Fahim, V. Sharma, T. -V. Cao, et al. "Machine Learning-Based Digital Twin for Predictive Modeling in Wind Turbines," in IEEE Access, vol. 10, pp. 14184-14194, 2022.

[52] 数字孪生电网白皮书. 国网河北省电力有限公司，2021.

[53] 严涵. 混合式高压直流断路器内部组件状态仿真及监测方法研究[D]. 重庆大学，2020.

[54] 杨帆，吴涛，廖瑞金，等. 数字孪生在电力装备领域中的应用与实现方法[J]. 高电压技术，2021, 47(5): 1505-1521.

[55] 刘云鹏，刘一瑾，律方成，等. 数字孪生技术在输变电设备中的应用前景与关键技术[J]. 高电压技术，2022, 48(5): 1621-1633.

[56] Y. Jing, Y. Zhang, X. Wang et al. "Research and Analysis of Power Transformer Remaining Life Prediction Based on Digital Twin Technology," 2021 3rd International Conference on Smart Power & Internet Energy Systems (SPIES), 2021, pp. 65-71.

[57] 何莉鹏，张一茗，张文涛，等. 基于卡尔曼滤波的高压断路器机械特性监测系统设计[J]. 自动化与仪表，2022, 37(9): 47-52.

[58] 叶宏，孙勇，韩宏韬，等. 抽水蓄能数字化智能电站建设探索与实践[J]. 水电与抽水蓄能，2021, 7(6): 17-20.

[59] 叶宏，孙勇，阎峻，等. 数字孪生智能抽水蓄能电站研究及其检修应用[J]. 水电能源科学，2022, 40(6): 201-206.

[60] 刘少华，肖志怀，夏襄宸，等. 基于虚拟现实的抽水蓄能机组检修标准化作业仿真[J]. 中国农村水利水电，2021(11): 209-213, 219.

[61] 韩晓娟，牟志国，魏梓轩. 基于云模型的电化学储能工况适应性综合评估[J]. 电力工程技术，2022, 41(4): 213-219.

[62] 张从佳，施敏达，徐晨，等．基于动态可重构电池网络的储能系统本质安全机制及实例分析[J]．储能科学与技术，2022, 11(8): 2442-2451.

[63] 赵兴龙．基于WebGIS的电动汽车充电桩可视化系统研究[D]．西北师范大学，2017.

[64] 何思淼．基于大数据的智能充电桩状态分类与故障预测研究[D]．沈阳工业大学．

[65] 胡琳，郭楠，韩丽．装备数字孪生应用探索与标准化研究[J]．信息技术与标准化，2024(6): 8-13, 24.